日本建筑集成

铭木集

林理蕙光 编著

华中科技大学出版社
http://www.hustp.com

中国·武汉

目录

铭木集——日本建筑集成

日本的林相

秋田的杉树林

据说杉树的树型在幼时是像锥子一样尖尖的，随着年龄的增长，树木也会带上一些圆润的感觉，但是那种填满群山的、向着天空生长的样子，看上去会令人感到非常爽快。秋田的杉树的分布基本仅限于北方地区。藩政时期，实际生长或插枝栽培而产生的杉树树苗，在政府的开拓发展下，和阔叶树一起在充分的阳光下成长。第二次世界大战前，在以米代川流域为中心向四周辐射的区域，生长出了一片平均树高超过50米的漂亮的大树林。那之后，这些树林几乎全部被砍伐，被新植树造林的年轻森林形态取代了。仅存的少量的天然林被指定为学术参考林或风景保护林，作为禁伐林管理起来。

能代・仁鲋水泽学术研究林内的天然杉　树高54米，最大直径1.4米，体积30立方米，树龄约300年。

宽广的秋田造林景观　潟之泽景观林。

秋田杉的天然林（天然纪念物） 能代、仁鲋水泽学术研究林。估计平均树龄250年。

被砍伐的天然杉 估计树龄为250年。

被砍伐的造林秋田杉 造林杉树龄达到72年就会被砍伐。

木曾桧的原生林

木曾地区多雨寒冷，土质贫瘠酸性，非常适台湾桧木的生长。距今两千年前，桧木的天然林就已经扩展开来。14世纪，桧木被选为伊势神宫的迁宫用材，也作为筑城或住宅用材，被大量砍伐下来，送往江户。

为此，担心木材枯竭的尾张藩采取了“禁止伐木”的制度，禁止砍伐所谓的“木曾五木”(桧木、花柏、杜松、罗汉柏、高野罗汉松)，只要砍了一棵这类的树就会被砍头，所以木曾的村民们非常为难。

明治以后，建立了御料林，人们可以看到森林铁路在山间穿过的景致。昭和二十二年（1947年）建立国有林，它曾一度被过度砍伐，现在人们正对此进行反省。被驹岳、御岳、钵盛山等环绕的木皆谷，总面积17万公顷，现在也有90%是山林，其中的60%是天然林，据说其中以桧木为首的木曾五木占了60%。

木曾桧的原生林　下柿林道1000米，再徒步20分钟的原生林。树龄约250年。

桧木树林和御岳 从赤泽自然休养林看御岳。

测量尺寸 拿10尺（一根地板柱）的竿试着比较一下长度。

被砍伐的树木的断面 估计树龄为250年的天然桧木。

天然桧木的砍伐 天然桧木与电锯的刃碰上的瞬间。

北山的杉

从京都的洛西、高雄再往周山街道向北走，很快就进入了以白皙的北山杉为屋檐的民家的村落。这里是以北山杉的产地而闻名的中川，没有节疤的美丽木皮，上下同样粗细、外形接近圆形（真正圆长直）的磨圆木在数寄屋建筑中不可或缺，特产的裂纹圆木作为地板柱被广泛使用。

由插枝构成的北山特有林业是什么时候开始的呢？虽然资料已经因烧毁或流失而无法查明，但是笔直伸展的美丽树干排列在山谷中的风景能让人感受到京部的情趣，川端康成的《古都》或者东山魁夷的日本画都对此有所介绍。

现在，从北山运来的磨圆木、裂纹圆木的出货数量达到了10万根。这是人们在有限的土地上，为了让品质更优良的北山杉上市，而不断努力的结果吧。

北山杉雪景　笔直地向冬天的天空伸展的北山杉树林。树高约10米。树龄35～40年。能制出2～3根地板的柱子。

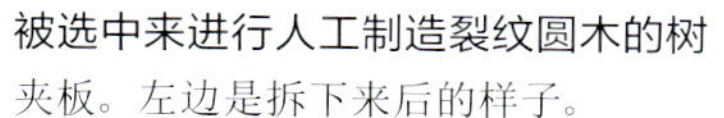

被选中来进行人工制造裂纹圆木的树　右边是为了人工制造裂纹圆木而给树卷上夹板。左边是拆下来后的样子。

北山天然裂纹圆木的树　数十万株中就有一棵天然生成的裂纹。左边是天然裂纹。

卷上夹板的北山杉林　将选中要上夹板的北山杉林中的树卷上夹板观察12年。在卷法和树木选择上，每个生产者都有自己的想法。

北山台杉　树龄350年，据说在中川也是最古老的台杉。

吉野的杉树和桧木

奈良县吉野川、北山川、十津川流域，因生长着优良的杉树、桧木而闻名，大约20万平方千米。有一种说法，是从室町末期人们就已经在此开始进行植树造林。但是，吉野杉、桧木正式开始被使用是在16世纪，大量的木材通过吉野川运来之后开始的。后来吉野和大阪的连接越发紧密，吉野的木材也被用来作为鹿岛酒杯的制作材料。

作为日本的多雨地区，周边有台高山脉、大峰山脉，可以遮挡台风。土壤适合杉树、桧木的生长，得天独厚的环境培植出了大直径的树木，生产出了构造用木材、板材、内门材料、横梁材料等。另外，在东吉野村，被称为“京木制”的杉树磨圆木、裂纹圆木的生产，也是从吉野那里提供了大量且质量优良的材料，这一点令人吃惊。

吉野杉的自然林　吉野郡川上村上多古附近的自然林。树龄约250年，直径60～80厘米。

吉野川上村　从人知村、高原村附近的山上眺望大台原方向。可以看到吉野特产的杉树（远景）和桧木（近景）。

去涩的杉木　在夏季盂兰盆节前后砍伐的树木，到第二年的秋天为止都是这样剥下树皮扔掉的，好好地进行干燥。

吉野杉的去涩　吉野郡川上村神之谷附近的树龄约230年杉树的去涩的情景。

高千穗的铁杉

铁杉的建筑，在关西被认为是高级建筑。铁杉广泛地使用在地板柱、柱子、梁、横梁、门楣、廊、短柱、门槛、甚至门上。从福岛县到四国、九州，在太平洋一侧的陡坡山地、山谷间的湿地中混生而成的铁杉林很多，但是由于树木生长缓慢，不适合植树造林，最近已经变得相当少了。

即使是在高千穗，直到昭和三十年（1955年）前后，都还有手推车在山里穿行，从五濑川沿岸的道路深入3千米以内，将附近的铁杉等运出来，并渐渐地开始砍伐深山里的木材。

现在沿着鹿川边的比睿山林道走去，却没有铁杉，在一般的车根本进不去的山中，抬头仰望对岸的陡坡上，终于看到了些许铁杉。另外，从日和影川的上游，在日之影站乘车1小时，再徒步30分钟走上陡坡，就可以看到山谷间的铁杉林的砍伐，但是将其搬出的难度很大。

生长在高千穗、鹿川上游的铁杉　鹿川上游日隐山附近的陡坡地带的铁杉。

铭木的用途

日本的建筑直到一个世纪前都是木造的。在这期间，工匠们的技术磨炼到了无与伦比的程度。

木匠们对树木的性质了如指掌，合理利用，成功地活用了建筑的性能和美感。

树是一种生命。木匠们也很注意树的呼吸，很珍惜树的生命。考虑到温度变化引起的收缩、膨胀，在加工上也下功夫。可以说树木的生命就这样与建筑物的生命合并，支撑着空间。

树木也将感性传达给了居住在树木空间里的人们，人们在树木的香气和姿态中感受到了自然的生机和美丽。最终在茶道的世界里，这种感性更加敏锐了，不知不觉间就形成了名为“铭木”的素材类型。

经过优秀的设计和工匠的技术，铭木在建筑中可以体现其真正价值，这是不言而喻的。

桧木和杉木棱柱断面的比较

各种各样的地板柱

铁杉直角前木（原尺寸大小）

北山天然裂纹圆木（原尺寸大小）

北山杉磨圆木（原尺寸大小）

地板 榉木如鳞纹

地板柱（一）角柱

角的地板柱继承了书院构造的地板的风格，不过由于其搭配以及质地，使客厅的气氛变得柔和了。已知的数寄屋的地板的处理风格称为“真”，但也可能会根据细小的材料种类变化而变成“行”。一般来说，松、桧、铁杉的格调都很高，在大厅、大客厅、主室中经常被使用到，当然最受喜爱的是杉树。从制作方法来看，四方直木排在上位，表面以木纹装饰，用杉和榉木等材料时，则是接近“行”的构造。使用紫檀、黑檀、铁刀木等唐木（珍贵的进口材料）的话，会带给人一种奢侈的感觉。从明治到大正时期的地方豪宅的客厅里，可以看到漂亮的唐木制品。

萨摩杉直角前木　萨摩杉是屋久杉的通称。树脂有很强的气味，木纹很细很美。从大直径木材上裁下的不仅可做宽幅的板材，也很适合作为木纹的柱材及落挂。

秋田杉直角前木　日本代表性的美林——秋田杉的自然林已被砍伐殆尽，新的造林几乎完全将其取代。秋田杉的特点是木纹柔和而平直。

红杉四方柱　因为吉野杉的芯材的红色很浓郁，所以被称为红杉。要得到3寸5的四方直木的柱子，需要树龄200年以上的、粗壮无节的、直径4寸以上的树。

雾岛杉直角前木　粗壮有力的木纹，不仅美丽，还让人感受到南国的随和。照片中是随着长年日久的变化，木纹的颜色变深了。

九州杉直角前木　九州地区出产的杉树被用作地板柱，或用作天花板，受到了很高的评价。照片中的柱子夏纹比较白，冬纹突出，给人以优美的印象。

春日杉直角前木　奈良的春日神社境内和春日山出产的木材，冬纹和夏纹都有着明显的红色，纹路华丽，有独特的光泽。

日本铁杉直角前木 和松木相比，没那么油腻，比杉木白，冬纹比桧木更浓。直木纹很细，常用作护脚木、落挂。

桧木两面无节 木曾桧（尾州桧）、吉野桧（尾鹫桧）很有名，呈现出有气质的淡红色，木纹也很柔和。因为有特有的香味，变形少，强度高，所以作为构造材料和建筑材料是最棒的。

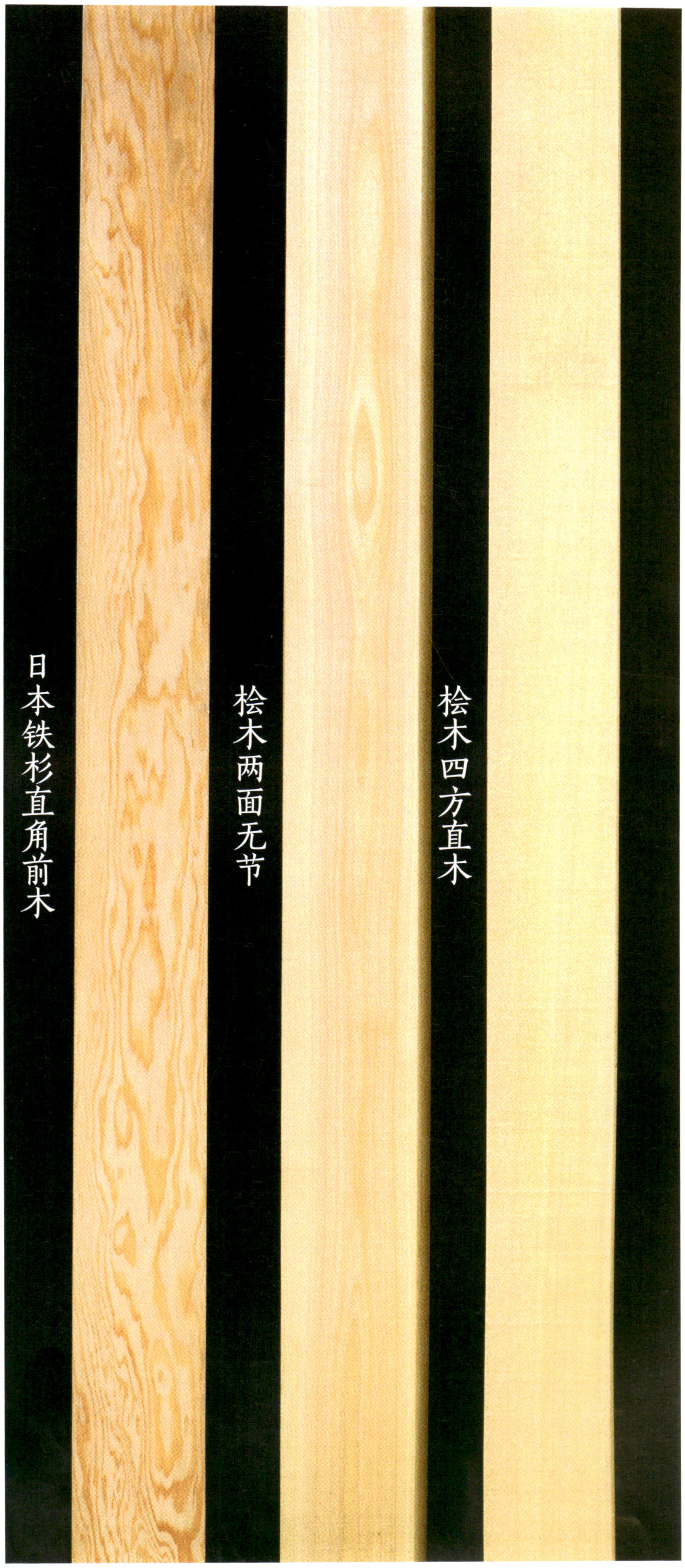

日本铁杉直角前木

桧木两面无节

桧木四方直木

槐树木节洗出
槐树树皮
槐树
榉树直角玉纹
桑树直角
赤松四方直木

榉树直角玉纹 榉木的地板柱粗一点比较牢靠，照片中玉纹就在树皮正下方，所以大多用于木板，这样的柱子很少见。

桑树直角 芯材呈暗黄褐色，坚硬不易加工，也有变形的地方，但是因为打磨后会有光泽，所以在关西特别受欢迎，可以享受到随着岁月的变化而变化的乐趣。

赤松四方直木 表千家残月间的地板柱是赤松的四方直木。在地板柱里，松树的格调最高，日向、雾岛产的赤松是最棒的。和杉树相比，因为松树油脂多，所以纹也非常有力度感，但是称得上好的很少。

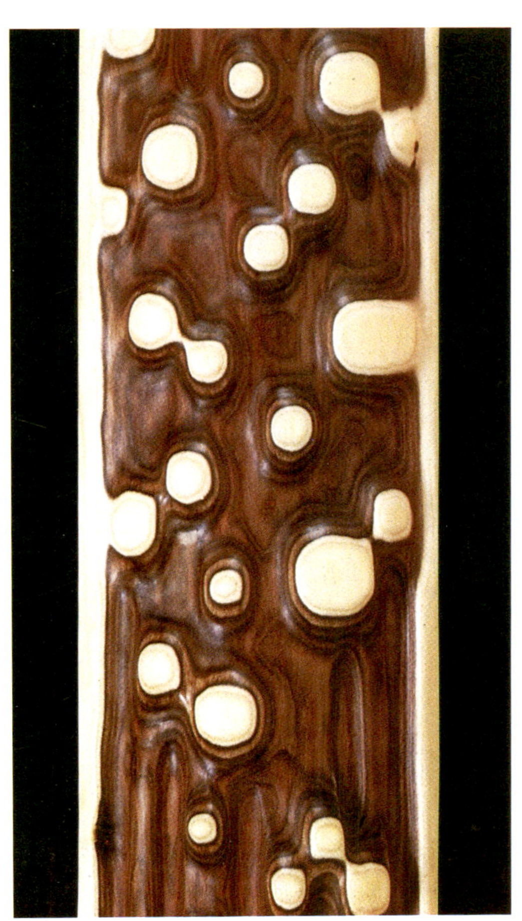

槐树木节洗出 日本把白色的感觉留在木节上的叫作白太。朱利樱也被做成了带木节的。

槐树 用石灰洗净，增强其红色的感觉。只有红色的角柱很有品格。木材或是切成小块，或是加上白色，来感受自然的氛围。

日向松直角 在日向出产的赤松被称为日向松，树皮带一点红，木纹也很柔和。这种木材用作柱子的情况很多。

黄柏
枳椇
黑柿树
枫树天然前木节
枫树直角
紫杉（水松、栎）

枫树天然前木节（侧面） 芯材边材没有区别，年轮也不清晰。木纹细腻，色泽优美，富有光泽。

枫树天然前木节（正面） 充分活用了材料表皮的纹理，多用于制作圆柱、板材等。

紫杉（水松、栎） 芯材呈美丽的红褐色，木质细腻坚硬。有香味，容易加工。也可用于制作落挂、地板周围的装饰材料。

黄柏 也可以叫作黄檗，正如其名，内皮呈现出美丽的黄色。由于材质坚固、木纹美丽、光泽好，多用于制造板材和棚板。

枳椇 可以欣赏到木纹的美丽。重量和硬度都在中等程度，容易加工，但易碎。作为桑木的代替品，比桑木柔软，多用于地板周围，如地板柱、落挂等。

黑柿树 出现黑色条纹的叫作条纹柿，完全是黑色的叫作全黑。由于材料较重，和普通的树木不同，不易干燥，干燥不充分的话容易碎裂。

紫檀木节洗出
黑檀木节洗出
铁刀木木节洗出
月桂树木节洗出
木梨木节洗出
紫檀
黑檀
铁刀木

紫檀 从明亮的紫红色到暗紫色，红褐色的芯材上有条纹。木材因日久变黑。由于是非常重且坚硬的材料，完成后表面会有美丽的光泽。作为唐木的代表，也被用于制作护脚木。

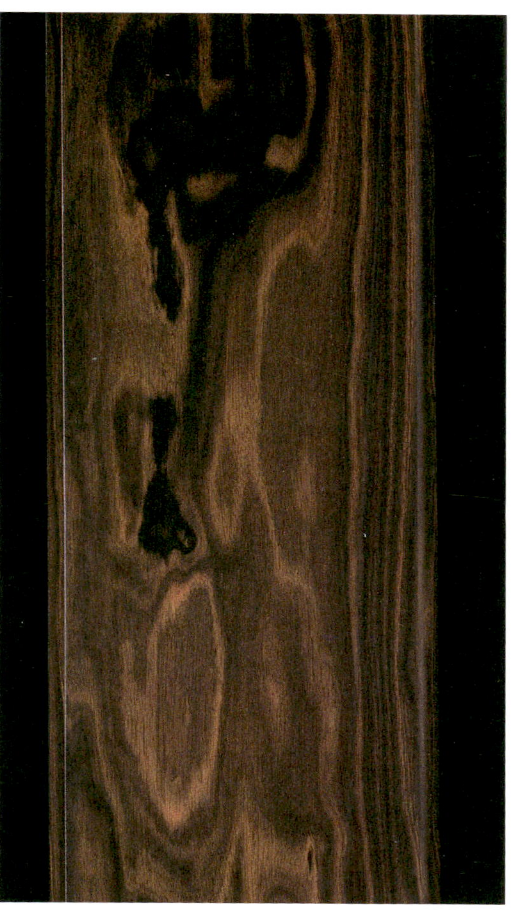

黑檀 一般是黑色的芯材。又硬又重，容易因干燥而出现裂纹。多用于地板挂、壁止、落挂等地板周围的材料，也有用来制作圆柱的。

铁刀木 原木的加工和干燥都很费事。有很多有伤痕的材料。

紫檀木节洗出 将木节雕出后，用刨子刨除其他3面，再进行两三次喷漆即可完成。

黑檀木节洗出 首先从原木磨成角材。干燥好后，用凿子雕刻木节。可以在木节的阴影中分辨树木的质量，去除伤痕。

铁刀木木节洗出 铁刀木的木节有关东雕和关西雕之分。照片中是关东雕，关西雕的木节是竖起来的，圆点很细。黑檀和紫檀也是一样的。

佐佐木邸残月间地板柱　杉四方直木

深见邸主客厅地板柱　铁杉

美浓幸扇贝间地板柱　桧四方直木

的山庄梅之间地板柱　铁刀木

河文菊之间地板柱　松

地板柱（二）圆柱

最适合数寄屋建筑的是圆柱。使用带皮的圆木和打磨的圆木，房间的气氛会柔和，也会有变化。从格调来说还是松比较高级，赤松带皮，接着是南天竹、梅的古木、雪松、杉木中的北山杉，也被广泛使用。另外，有时还会引入各种各样的珍奇树，或有来历的寺院、塔、御殿的古木等。

茶座的小房间常用的是赤松皮、北山杉、香节、紫薇、栗木削材等，可以自由地活用各种各样的材料。

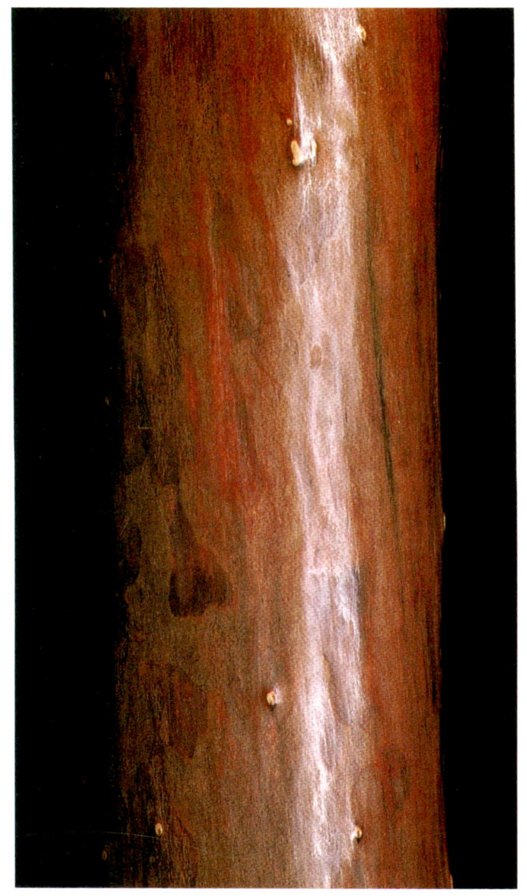

华东山柳（山木梨） 树皮光滑跟紫薇相似，但带着茶色，材质坚固而细致。砂石打磨后，去除水垢，安置在茶座上，或者削一层皮，进行打蜡打磨，多用于客厅。

紫薇 黏性强的材料，耐久性也强，耐腐蚀。常作为带皮或磨光的圆木使用。细腻而沉重，颜色比华东山柳略红。照片中展示的是磨砂后的。

梅 高级材料，数量少，地板柱表皮结实，而且不容易长虫子。带皮做成地板柱很有格调，外观也很美。

辛夷 地板柱产量高，经常被用来制作中柱。因为容易脱皮，所以要注意保存和保养。

山茶 木质比辛夷更细腻。因为量少、木质好，所以很珍贵。

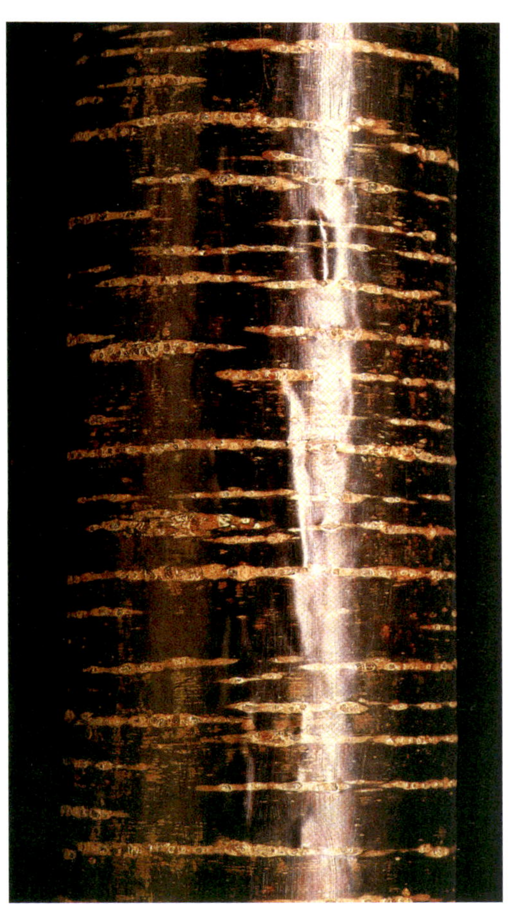

樱木 以深山樱为主。在刚被切下的时期容易剥皮，容易长虫子，所以需要注意选择干燥的材料。有一种叫作梓的树很像此种树。

栓皮栎　虽然和麻栎是同一树种，但是树皮很厚。因为可以采软木，所以也被叫作软木栎。耐旱，作为地板柱时需要选择笔直的材料，也作为门柱材被用来制作桂离宫的御幸门。

麻栎　产橡子的树。淡褐色的树皮又硬又粗，木质较重，带皮的材料用于茶座的地板柱、中柱或是屋檐的柱子。

杜鹃　地板柱用的三叶杜鹃大树产于鹿儿岛以南的群岛，虽然无伤的材料是最好的，但是运输出去的时候容易受伤，有时也活用了其伤口做成纹样。

丝柏锈圆木　是斑点圆木的替代品。杉树也有长斑点的时候，但是比起罗汉柏的斑点更容易脱落，掉落的粉末少，使用方便。

斑点圆木（锈圆木）　节的椭圆部分下面有圆斑点，无斑点最好。

栗木　坚固耐用，树皮可以很耐水湿，但是容易长虫子。根据切下时期的不同，寒冷时期产出的比较好。

丝柏的出节圆木 清秀的色调和香气。取自桧木末木或70年左右的芯材。虽说叫作乳节，但节的底座很大。

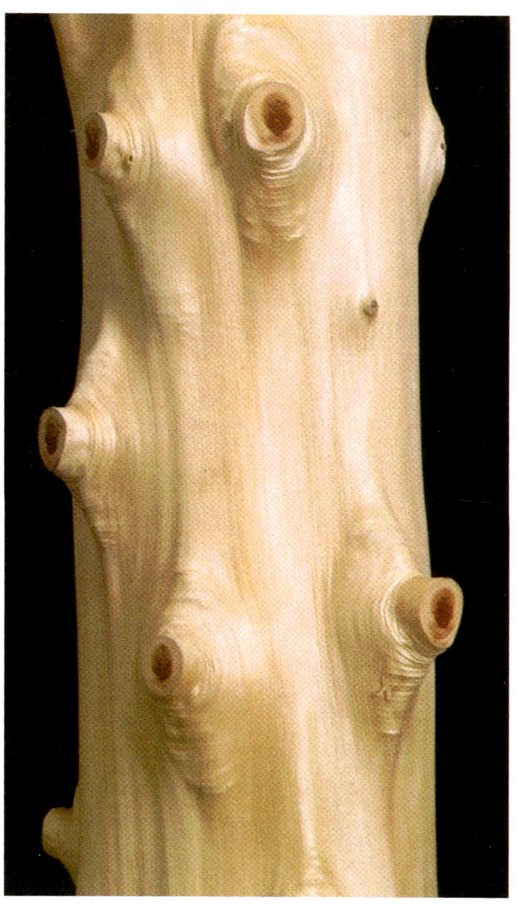

金松（高野金松） 灰褐色的树皮竖着有裂缝，很薄。产于高野山、奈良县东吉野，比桧木更有光泽，有着特有的香味，耐湿。

米槠 被用来制作表千家九席之间的地板柱。材质可以耐受干湿的变化。剥皮使用，但容易长虫子。人们常使用干燥好的材料。小圆木用于制作壁止，也用于制作大梁。

杜松的摆件 将自然的打磨好的树皮和边材部分刮干净，用打磨机将分支部分整理好形状后进行打磨。褐色的芯材部分有香味，也可以和线香混合。

杜松的变木（杜松） 灰色的树皮竖着长剥下来。边材是白黄色，芯材是褐色。是将经过了30～40年的风化材料中枯萎的部分削掉做成的。

枫木 本来是白色的树，但将其做得更白。树皮变化丰富的部分受到珍视。与关西相比，关东地区更经常使用。在茶席中，人们更喜欢带皮的枫木。

赤松和其断面　左右的照片中的木材虽然粗细差不多，但因年数的不同而呈现出质量差异。右边是接近60年的木材，树皮很细；左边是20年左右的木材，树皮很粗糙。松的油脂多，不易干，所以要把背开得宽而深。不这么快弄干的话，容易长虫子。

赤松和其断面　用于从地板柱到装饰、壁止、竿缘，再剥皮、抛光用于制作梁和檩。特别是在数寄屋，作为地板柱和中柱的材料被认为是最好的，被广泛使用。

松之茶屋卯之花地板柱　赤松带皮

表屋富士间地板柱　赤松带皮

八芳园茶室地板柱　赤松带皮

杉本邸自在庵地板柱　赤松带皮

濑川邸一指庵地板柱　栎

一香亭正面客厅地板柱　紫薇涂滑摺漆

中野邸新厅一楼九叠榻榻米间地板柱　白檀

井上邸主厅地板柱　南天竹

北山天然磨圆木

北山天然裂纹圆木

北山天然梅田

北山天然珊瑚

北山天然中根

北山人造裂纹圆木

北山天然裂纹圆木 圆木的整个表面都有细小凹陷状的裂纹（裂纹=绞裂纹的省略）。根据地处环境，完全是偶然出现的纹理，是出现率为十万分之一的极其贵重的木材。

北山天然磨圆木 将北山杉的树皮剥下来打磨后形成，是自古最正统、最标准的材料，其白色、圆形、光泽、无节的质地受到了很多人的喜爱。

北山天然裂纹圆木 天然裂纹略深，地板柱在挂轴和插上花的壁龛上或护脚木、落挂、竿缘等的组合中都有出现。

北山天然增补裂纹圆木 在天然裂纹圆木中，裂纹细而浅，极为文雅，木质的光泽也更为出色。

北山天然广河　在北山天然裂纹中也堪称绝品，是致力于梅田氏裂纹繁殖的中田茂造先生亲自动手繁育的品种。广河是被发现的地方的名称。

北山天然日照　别名为由西贝。虽然有和落合相似的感觉，但却有木鱼那种沉稳的感觉。除此之外，天然出裂纹系列还有恩盖、贝拉等。

北山天然梅田　明治二十六年（1893年）梅田市兵卫氏发现的天然出裂纹。他培育了10棵树，只有一棵树活了下来，并将母树的资质完全遗传，从此打开了人工繁殖的道路。

北山人造深裂纹圆木　深裂纹也有各种各样的形状。

北山人造裂纹圆木　使用了竹模，作为人造品来说是最标准的。

北山人造薄裂纹圆木　与天然的相比也毫不逊色。

北山天然落合 中田茂造亲手繁育，于昭和三十九年(1965年)在日本全日本铭木展览会上荣获农林大臣奖。大的木节很有力，但是不耐雪、生长缓慢，所以优质品很贵。

北山天然中根 名字是由发现培养者中源林业起的。这是一种抗雪性强、成长快、弯曲少的品种，在企业中的评价也很高。

北山天然珊瑚 被发现时，以一根350日元这样当时非常高的价格进行交易而得名，兼具力量和纤细的感觉。

北山人造变木出裂纹圆木 中根风，根据模具的不同，纹路的图案也会发生变化。

北山人造出裂纹圆木 接近天然珊瑚，十分常见。

北山人造裂纹圆木 作为标准品，制作得很好。

北山入节圆木　是一种剪枝后没有愈合而是变成树皮卷进去了的品种。剪枝之后要经过10年以上才能长成。

北山面皮柱　无节的北山磨圆木留下一面，削成四角形的柱子，四角的木纹非常美丽。材料最好能接近正圆，这是北山独有的产品。

北山磨圆木的断面　同样粗细的柱子，右边的木纹是紧密的，左边的木纹是粗放的。越是经过了岁月的树木，越是能使木质显现出光泽，也轻易不会褪色。

佐佐木邸主室地板柱　北山天然裂纹圆木

谷庄内客厅地板柱　北山天然裂纹圆木

清流亭七叠榻榻米房间地板柱　北山甘带皮圆木

照古庵七叠榻榻米房间地板柱　北山天然裂纹圆木

和松庵大厅榻榻米和立礼席地板柱　北山裂纹圆木和北山出裂纹圆木

地板柱（三）中柱

也可称为“支柱”，用于有支架的茶室，用袖壁隔开观众席和点前座。虽然有带皮赤松、香节、北山杉、栗木等各种各样的材料，但注意不要与地板材料重复。利休时期使用直木，后来为了加深“侘”，使用了曲柱。这种情况下也要以真正的支架结构为准，从2尺至2尺2寸5分高的地方放入竹或横木的壁止，为了使下方成为穿堂，要直立到这个高度，在其上方使用弯曲之物，粗细以1寸8分为标准。另外，即使是曲木，袖壁的方向也几乎不允许有弯曲。

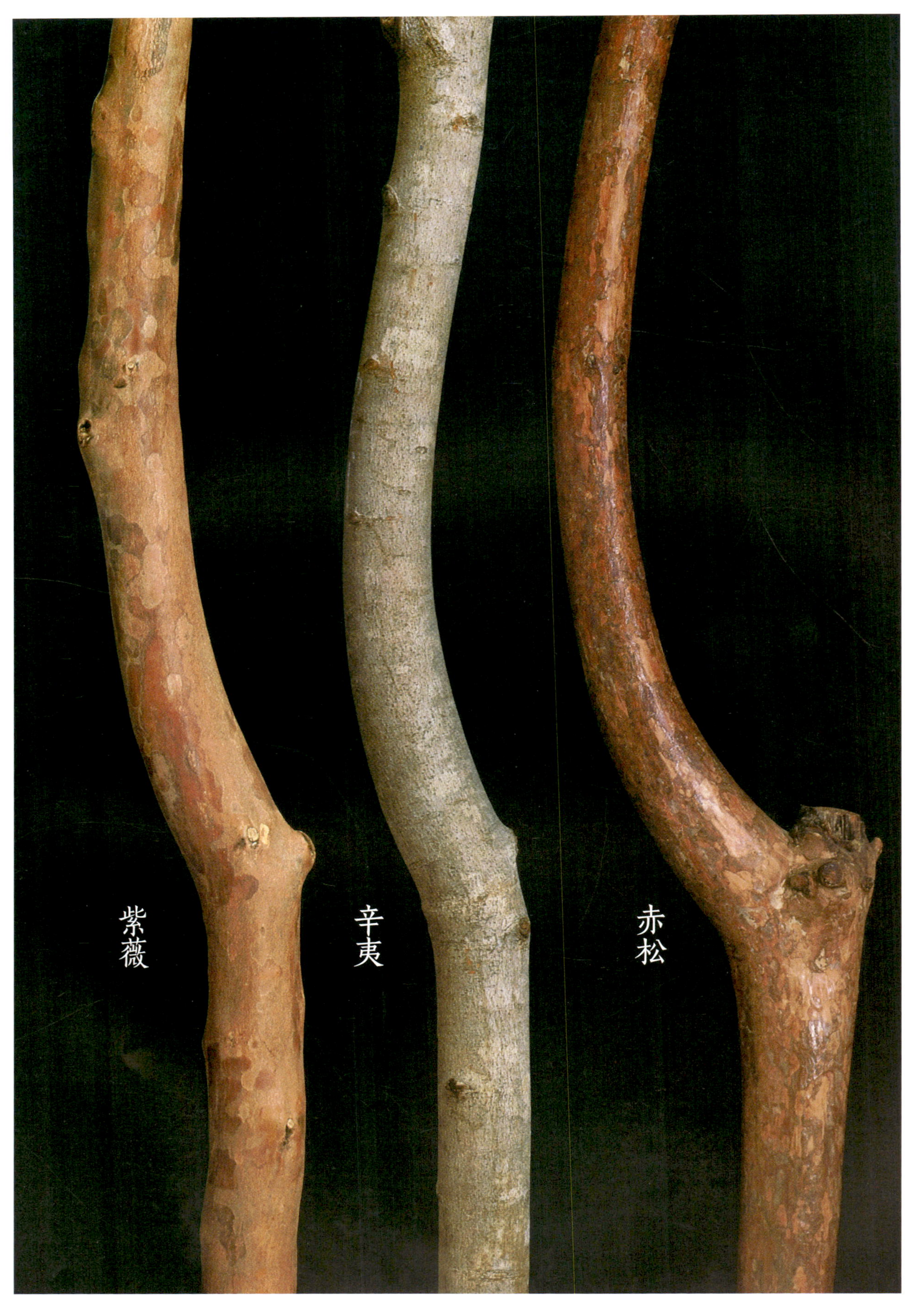

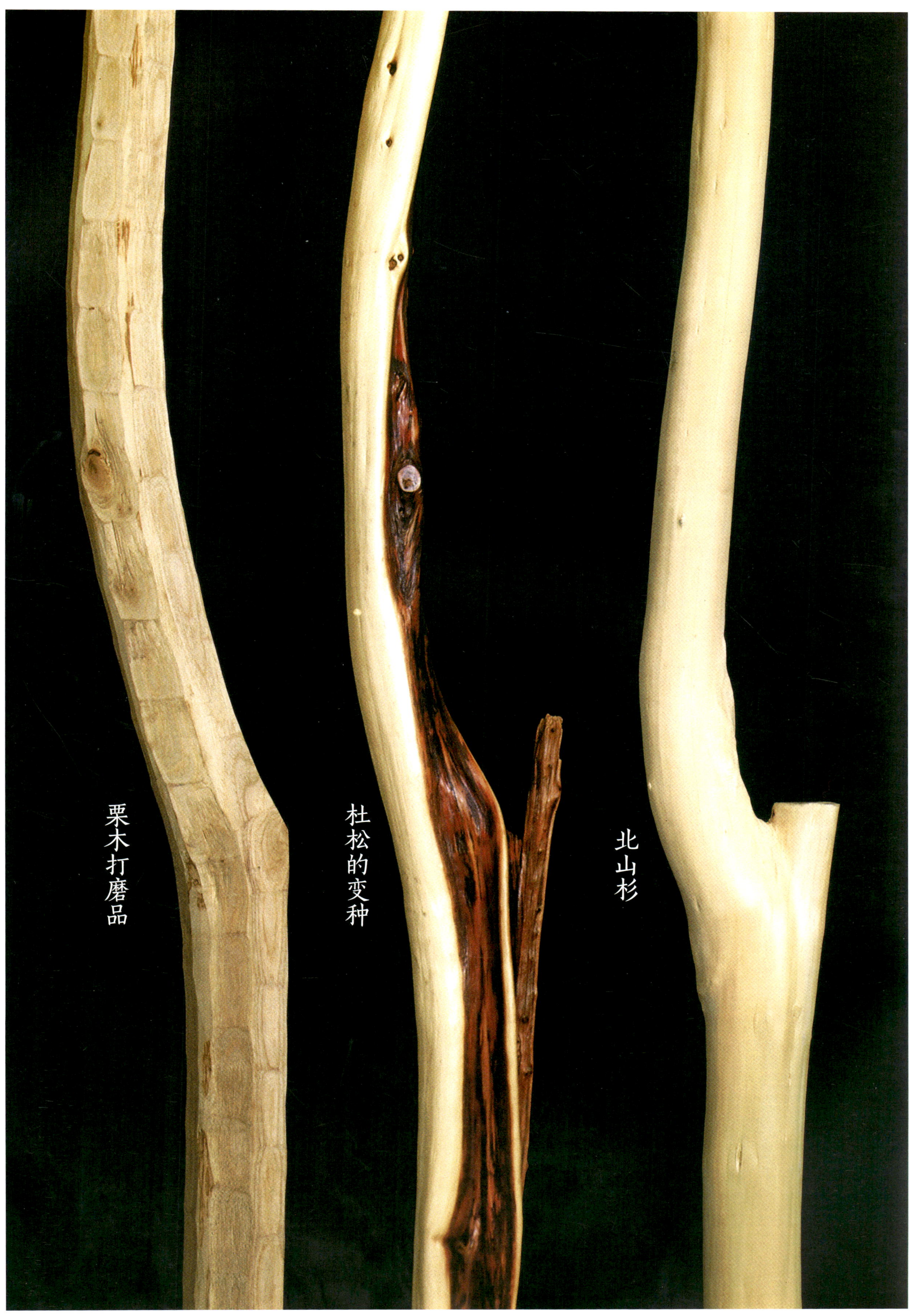
栗木打磨品
杜松的变种
北山杉

小堀家成趣庵中柱　梅

松尾家松隐藏亭中柱　带皮赤松

慈光院高林庵中柱　栎

筱园庵茶室中柱　北山磨圆木

濑川邸苦庵中柱　香节

清流亭白鹭中柱　档圆木（桧）

江户千家不白堂中柱　樱

护脚木

因为地板是高一层的，护脚木就是为了构成上层而被横放的部件，与地板柱配合，起到了决定地板格的作用。本漆黑蜡色的是“真”，使用磨光漆即为“行”，打磨完成的叫作“草”。如果是“行”或“草”，那么安装框的柱子也会变成圆柱，制作上需要技巧。为了不互相伤害，最重要的是调整柱子粗细。

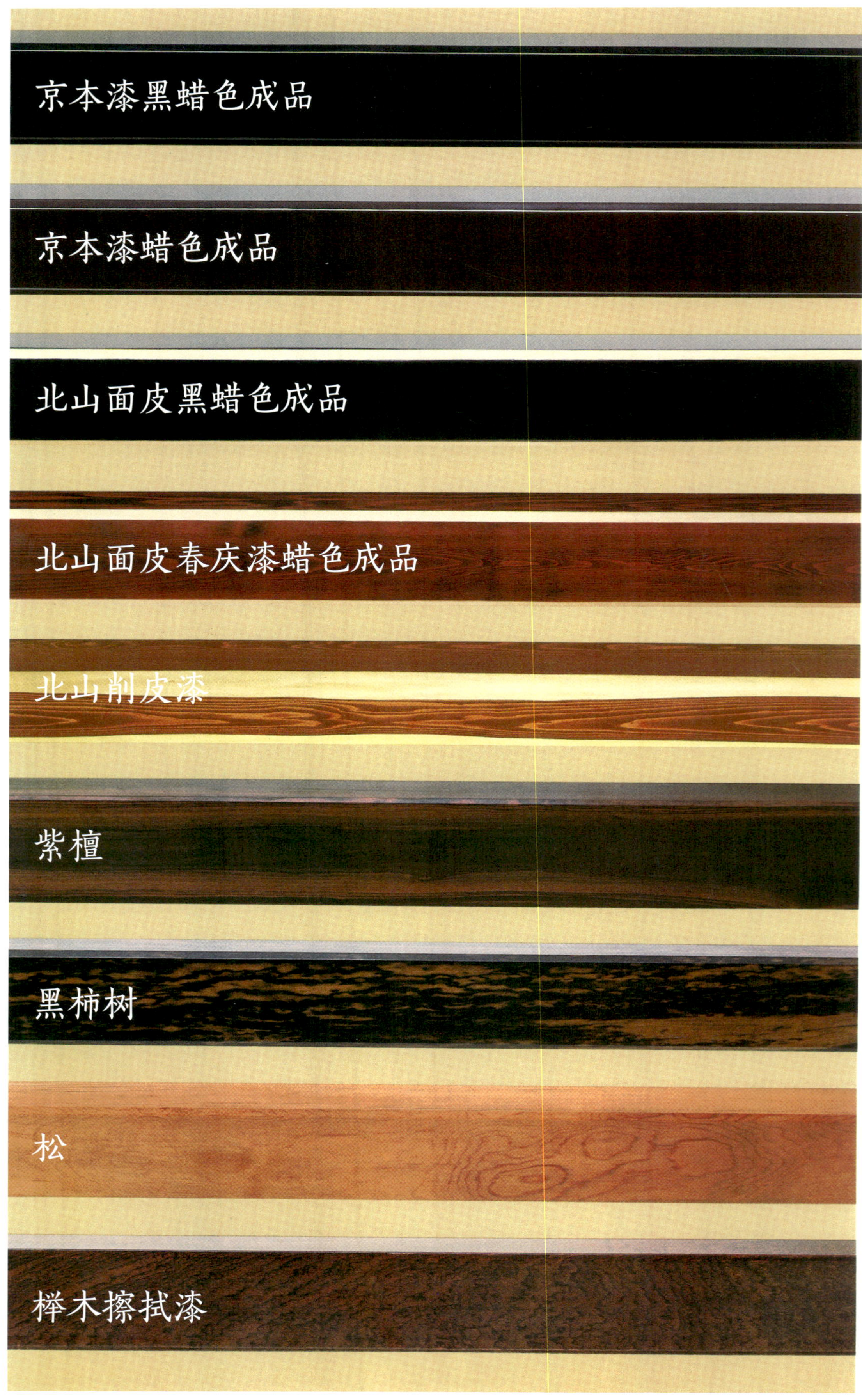

本漆最后加工（真涂），首先用糯糊和漆在将要做成台上的木料上涂抹。在此基础上，再涂两次底粉和生漆，再涂上漆，反复四至六次进行水研磨。蜡色（也可写作吕色）完成后，用手将鹿角粉与少许油一起摩擦。据说，花两三个月时间晒干后进行擦拭，再进行10次左右的擦拭，就会从“深处”发出光芒。透明成品的漆是流动的漆。

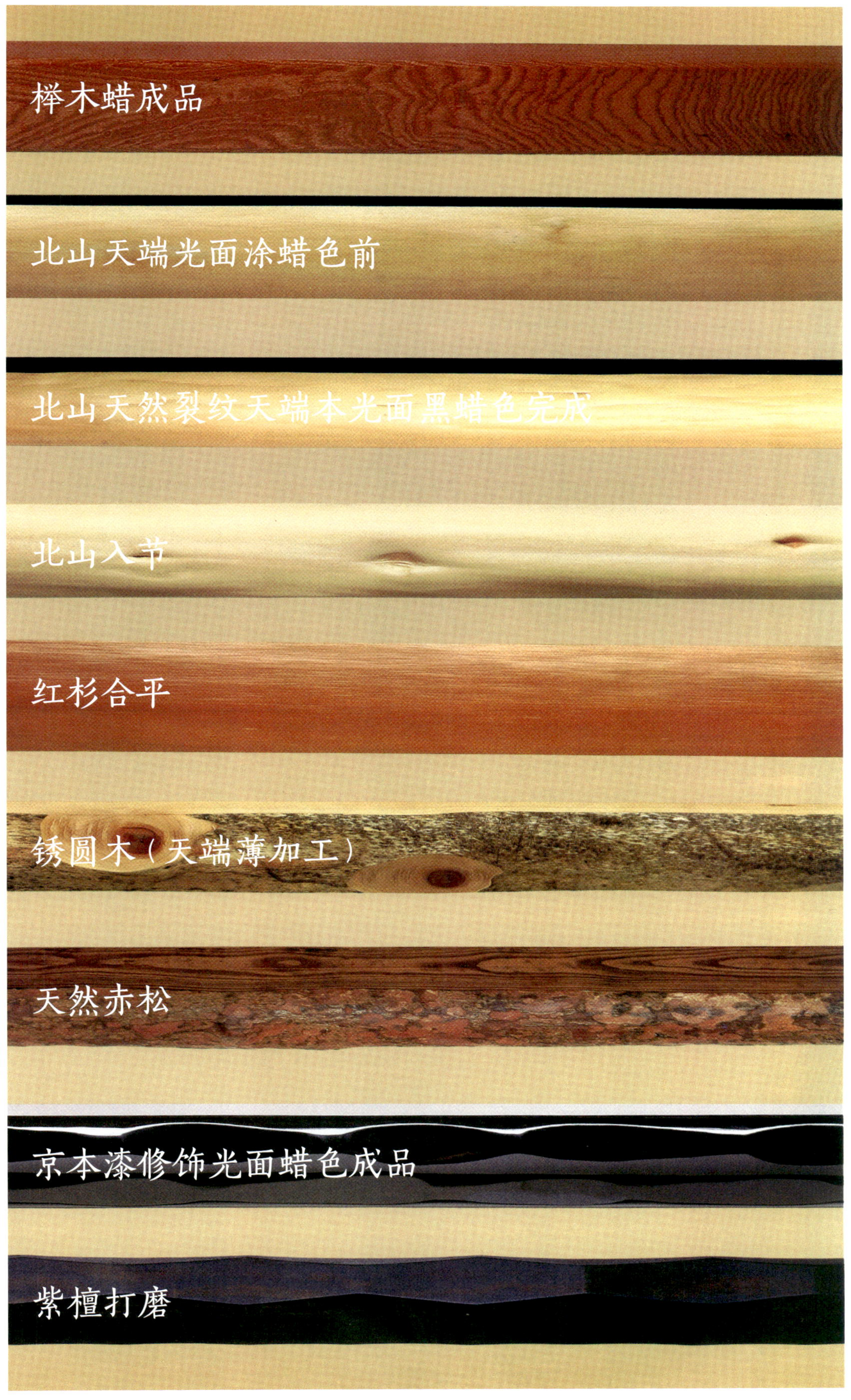

上村邸客厅护脚木　京本漆黑蜡色成品

八芳园　北山面皮红漆成品

河文蓝之间护脚木　北山面皮

竹中邸客厅护脚木　京本漆黑蜡色成品

田中丸邸客厅护脚木　北山钓鱼漆成品

表千家不审庵护脚木　北山入节

落挂

廊下的小壁部分就叫落挂。通常是正面的木纹改为正木纹，但是在数寄屋中使用圆木和竹子的情况也不少见。无论哪种情况，都是在地板柱、护脚木、客厅整体的材料的组合中决定的，但还是要考虑“真”“行”“草”。“真”或“行”的话，落挂和柱子一起用桧、松、桐等；如果是“草”的话，可以用杉、北山磨圆木、带皮小圆木、打磨栗木、竹等。照片中介绍了木纹的部分。

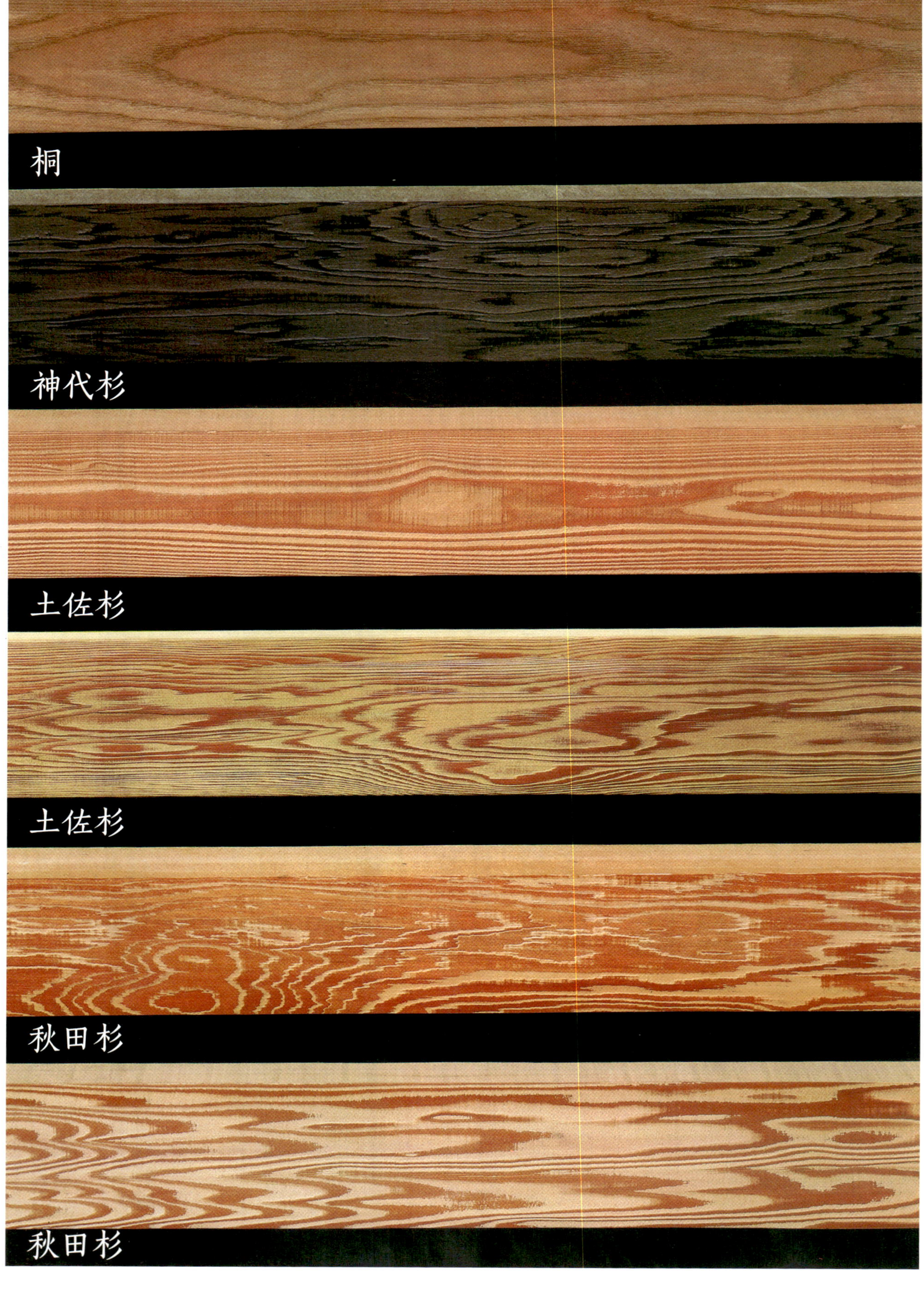

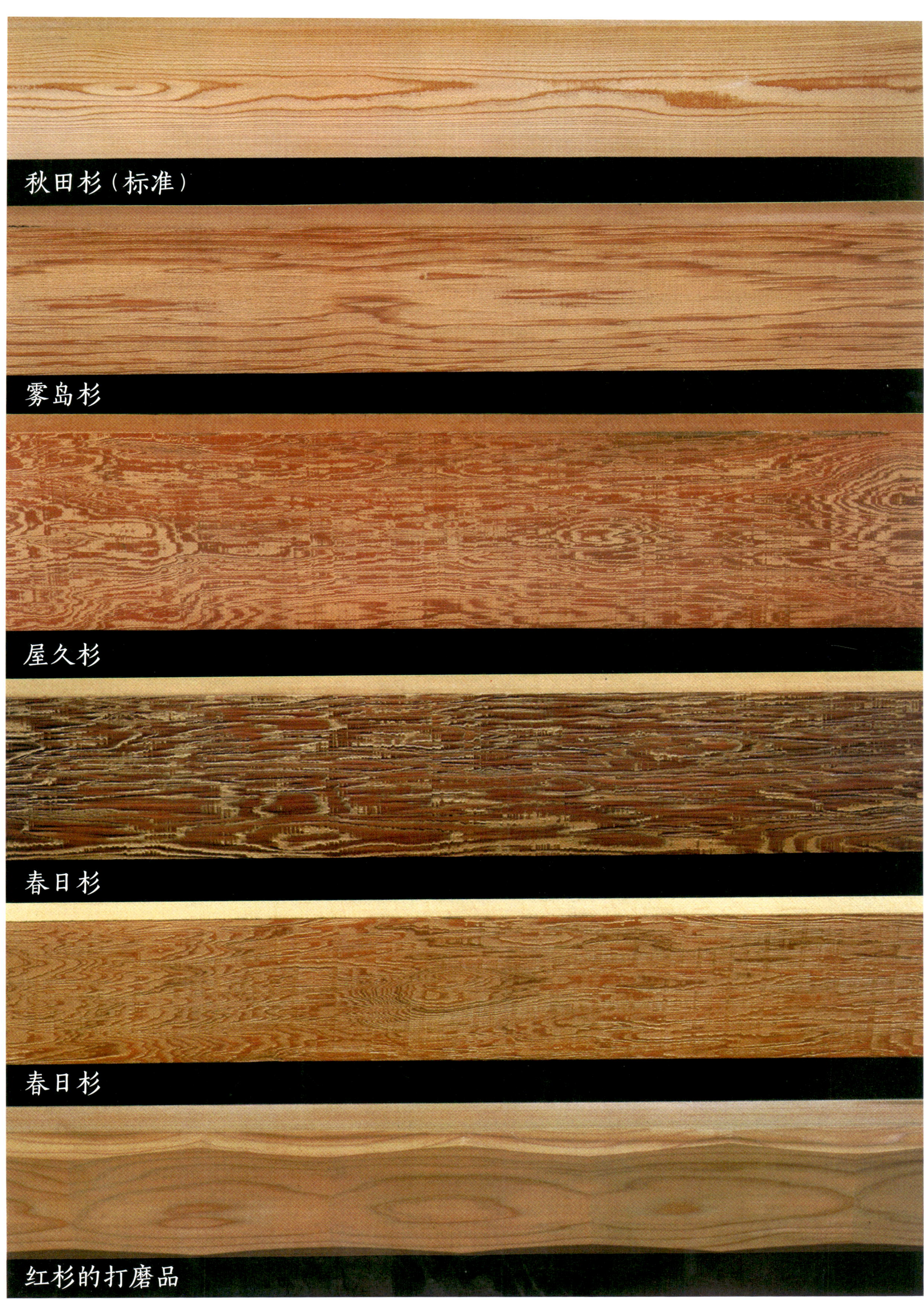
秋田杉（标准）
雾岛杉
屋久杉
春日杉
春日杉
红杉的打磨品

松之茶屋卯之花落挂　桐

山口邸客厅落挂　春日杉

佐佐木邸主室落挂　吉野杉

地板

从狭义上来说，地板是用来制作地板、踏脚板、踏脚台的板，但这里包含了地板周围使用的板——地板旁边的板、琵琶台、付书院、幕板等一切。这是因为在铭木店会根据用途区分地板的用途，拍摄的地板没有经过打磨，很多都是本色的。使用的状态请参照使用例的照片。

地板使用的板的色调、光泽、木纹、手感都很重要。地板要避免容易弯曲的材料，树种中经常使用松、桑、榉，可以保持原状，或是进行染色打蜡。

赤松　这是自古以来就以出产优良松木而闻名的山阴浜田的材料。照片上显示的高度约3尺，但整体上是6尺，非常漂亮。

黑松　宽约3尺，长约6尺。

黑松（部分）　作为建筑材料的松树，主要是赤松和黑松，但用于地面的是这种黑松。黑松也被称为雄松（赤松称雌松），因为油脂多，所以又叫肥松、油松。

榉木玉纹　宽约3尺，长约6尺。

榉木玉奎（部分）　有剥下树皮后隆起的包。这就是玉纹。还有其他被称为如鳞纹、牡丹纹的。

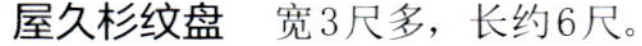

屋久杉纹盘 宽3尺多，长约6尺。

屋久杉纹盘（部分） 屋久岛因为山很陡，所以全靠在山上造材的人背出去，因此很难获得特别大的木材，但是这种木材的宽度有1米多，能让人看到非常棒的木纹。

枥木缩小纹盘 宽约3尺，长约7尺。

枥木缩小纹（部分） 淡褐色柔软细致的材料，易于加工，光泽高雅。也用于地板、架子、门板等。枥木独特的缩纹、玉纹、波纹是众所周知的。

桑　一般认为日本内陆产的桑内山阴的比较好，但是很少有大幅度的板子。桑树是容易长歪的树之一，变形很大。一般用石灰进行水洗，进行打蜡打磨，制成成品。木纹很美，跟松、榉一起作为制作地板周围的木板，十分珍贵。产于御藏岛、三宅岛、八丈岛的岛桑特别高级，但是市场上没有。

栗　照片中的板子有1尺6寸左右。栗木板的材质坚硬有弹性，耐水湿，所以可以用在松、桧木的边板上。像照片上那样漂亮的纹板很少见。

榉　因其美丽的木纹而闻名，如果将靠近木料芯的那块板取下来的话，就像照片中的一样，就是中纹了。也被称为“素李”，用于地板的底板、棚板及门窗的镜板。

枫 木纹光泽细腻，木纹美。树种丰富。被用于地板柱、地板、护脚木，也作为家具材料、棋盘、小提琴的里甲板而广为人知。不管过多少年都很亮眼。

樟 有光泽，散发香气。因为与榉一样很容易得到宽幅的树木，所以被用于地板、地板旁边的其他棚板上。鳞纹、泡泡纹等都会出现，而乱纹则被用作装饰材料。

铁杉 线条粗壮，男性化。这张照片上的纹理看起来像螃蟹的壳，所以被称为螃蟹纹。铁杉的板材也极为罕见。

布宾加 一种唐木。西非产。虽然是难以加工的材料，但也被用作地板柱。作为板材，多用来制作架子。红褐色的树皮上会出现暗褐色的极不规则的条纹。

木梨 一种唐木。木材除了红褐色还有橙褐色的。可从被称作印度紫檀或印度花林的母树上取得宽幅棚板。还有其他种类和称呼。

刺桐 指刺楸。虽然和桐树不同，但和木纹直木纹也很相似。因为轻便、有弹性、便于制作，所以被用于栏杆、板门、窗户等。

松之茶屋卯花地板　黑松石纹

山翠楼水仙间地板　黑松石纹

大和松之问琵琶台　桑

照古庵茶室地板　赤松石纹

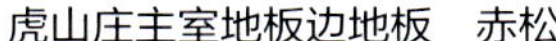
虎山庄主室地板边地板　赤松

佐佐木邸主室地板边地板　黑松

冈部邸座敷书院桌板　桑

清流亭白鹭水屋　雾岛杉

桥场邸应庵围板　吉野杉

天花板

天花板一般多使用杉木。镜天花板、格天花板比较高级，张贴方式一般有重叠张贴、透过式张贴（底层张贴）、大和张贴这几种。透过式张贴还有将竹子等夹杂在空隙里的手法。茶室的天花板的建造可参见三溪园白云邸的书院以及内书院的天花板，可重塑出没有威压感的稳重的建筑。换言之，书院使用了由吉野杉圆木组成的竿缘，用春日杉贴天花板，内书院则进一步提升格调，使用了本漆溜色的竿缘并将其打磨得更细，板子则使用了桐木。另外，竿缘、回廊边缘与天花板一样，材料的取舍也很重要。

秋田天然纹　宽1尺3寸，长1间

秋田天然纹（部分）　这是昭和五十四年（1979年）的木材，随着长年日久的变化，整体颜色也会变深。木纹充满秋田风情。

秋田天然纹（雾岛风）
宽1尺3寸，长1间。

秋田天然纹（雾岛风，部分）　因为是从天然的树上取下来的，所以木纹都不一样。秋田杉也可以采到竹纹板。但是，木纹的强度只有秋田杉才有的。这是从六七百年的杉树上取得的。

秋田造林中纹（源平） 宽1尺3寸，长1间。

秋田天然直木（部分） 这实在是很漂亮的直木纹，获得了昭和四十八年（1973年）全铭展的最高奖林野厅长官奖。宽的有2尺1寸，长的有6尺6寸。从直径146厘米的树上取下。

秋田天然直木 宽2尺1寸，长1间。

秋田造林中纹（源平，部分） 秋田的造林杉经过72年后砍伐，与天然物相比纹路粗糙。中纹的中心是红色的，左右两端都是白色的，像是源氏和平氏的红旗、白旗，因此称之为“源平”。

狭野杉天然纹　200年杉树制板的第20年。宽1尺3寸，长1间。

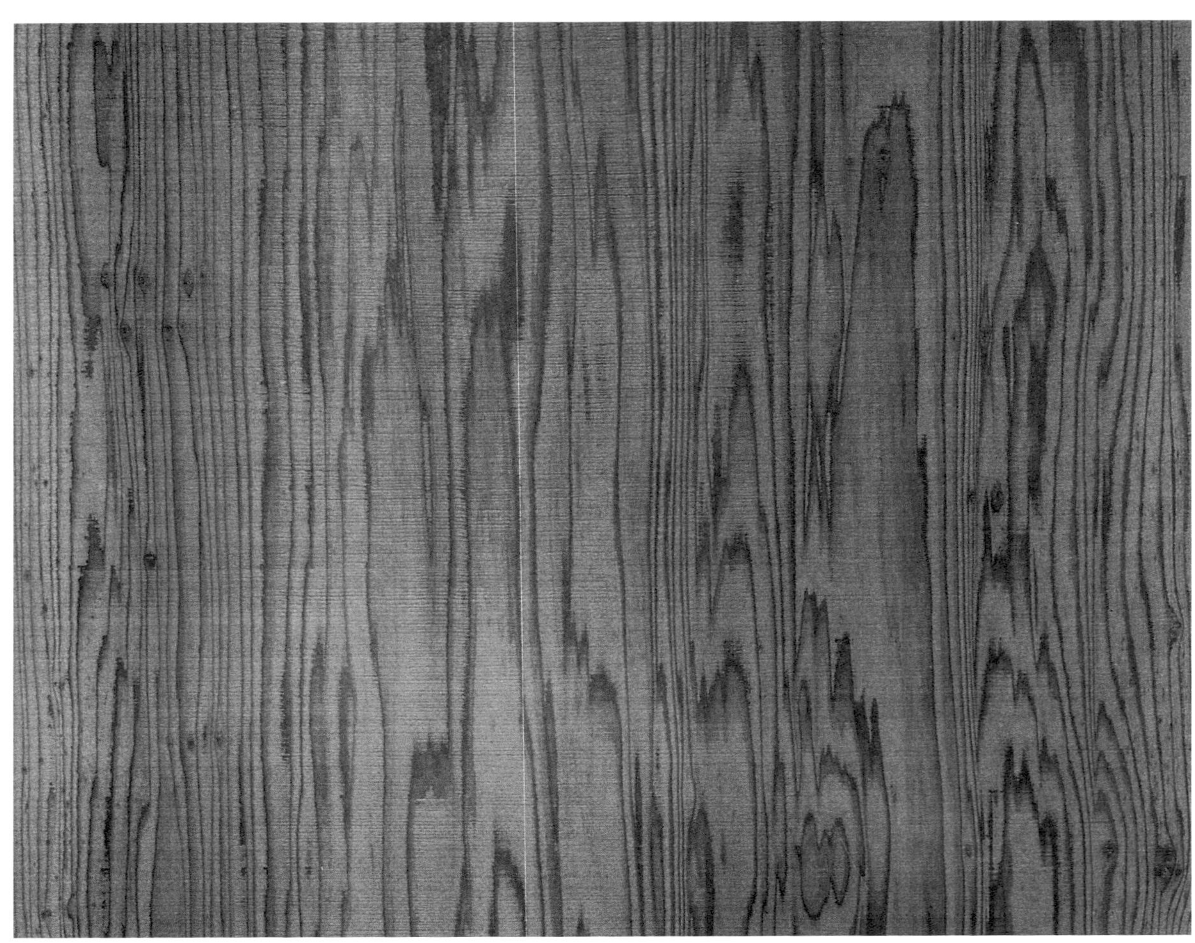

狭野杉天然纹（部分）　这是从位于九州日向雾岛山系高千穗峰附近的狭野神社境内的杉树上取的板。被称为狭野杉，是雾岛杉的绝品，但是原木已经只有十几棵了，现在称之为梦幻的天花板。

狭野杉天然纹　200年的杉树制板后第6年。宽1尺3寸，长1间。

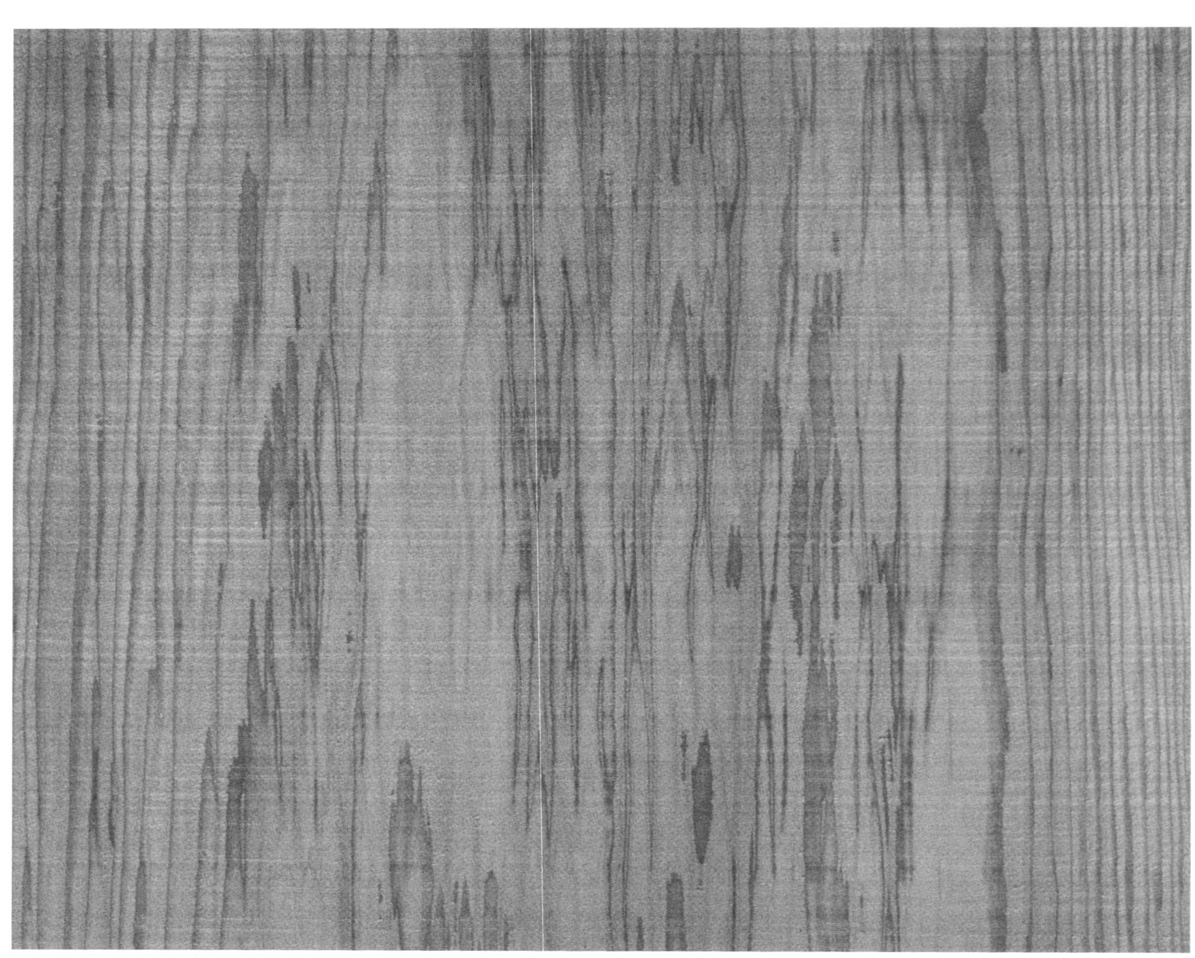

狭野杉天然纹（部分）　即使是同一产地的同类，如果树木不同的话，木纹当然也会不同。作为参考，我们举出了同种树的不同的例子。一般来说，雾岛杉的木材都是白的，冬纹的时候会变成细密的竹纹。

狭野杉天然纹200年 制板后的第6年。宽1尺6寸，长1间。

狭野杉天然纹广板（部分） 1尺6寸，宽3坪（6叠榻榻米），12张。除此之外的狭野杉1尺3寸（1间），为4坪用，各20枚。

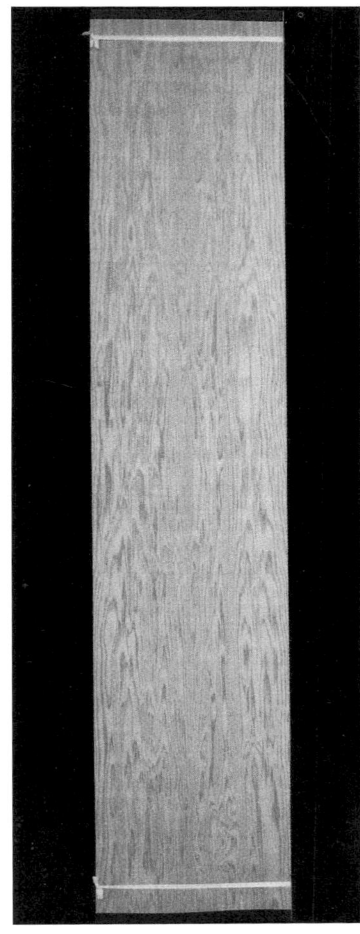

狭野杉天然纹200年 制板后的第6年。宽1尺3寸，长1间。

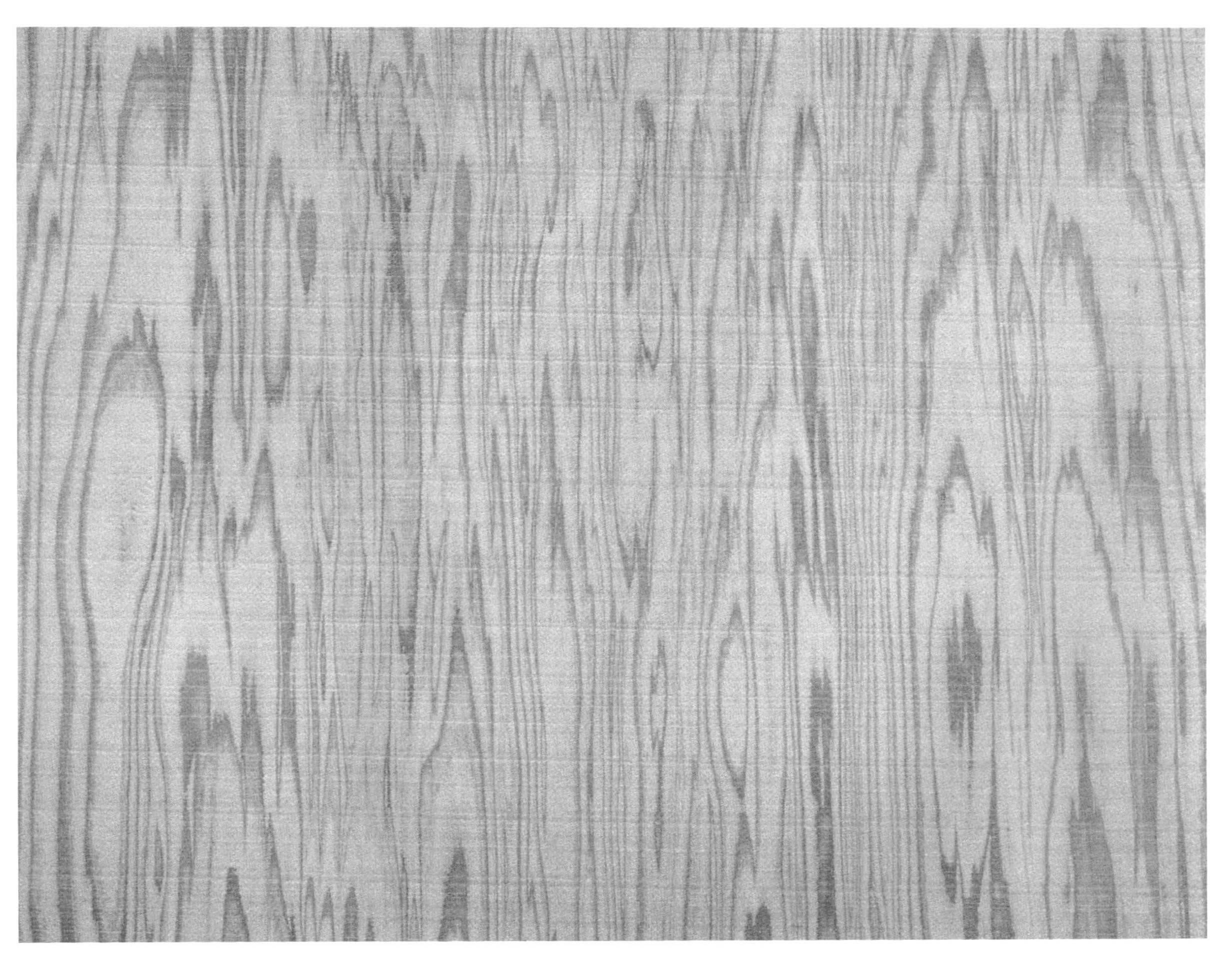

狭野杉天然纹（部分） 将接近木材树皮的白色部分称为边材，因为是从这个部分取下来的天花板，所以木纹显得格外显眼。边材部分也叫白太。另外，天花板的厚度一般为2分3厘。

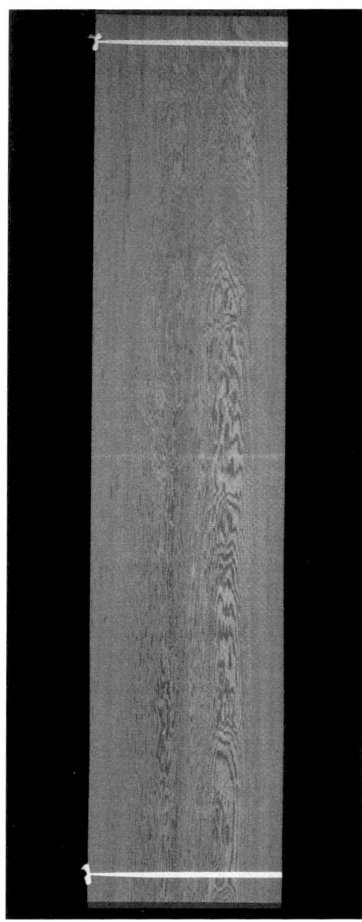

屋久杉天然纹　屋久杉制的天花板。宽1尺3寸，长1间。

屋久杉天然纹　屋久岛出产的杉树大多有1000多年的树龄。这种杉树制的天花板自古以来就很有名。与其他的杉树相比，其特点是油性较强。图中为木材加工15年后。

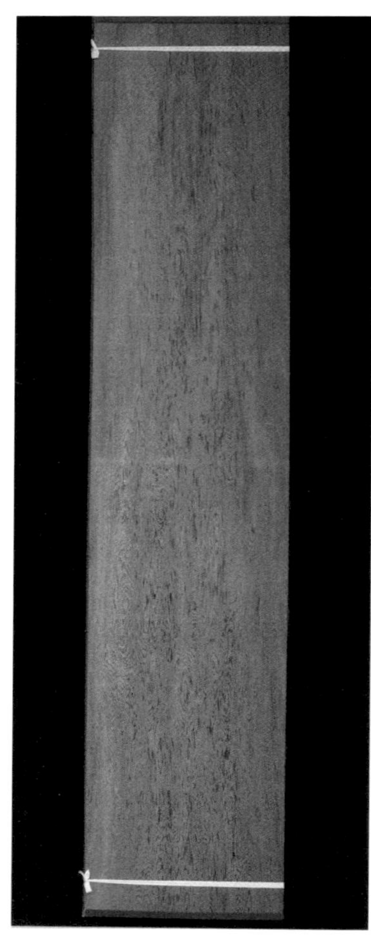

屋久杉天然纹　是从2000年的树上取材。宽1尺3寸，长1间。有竹纹。

屋久杉天然纹　屋久杉的天花板的特点是虽然非常纤细却给人有力的感觉。在屋久岛，1000年以上的树被称为本屋久杉，1000年以下称为小杉。图中为木材加工15年后。

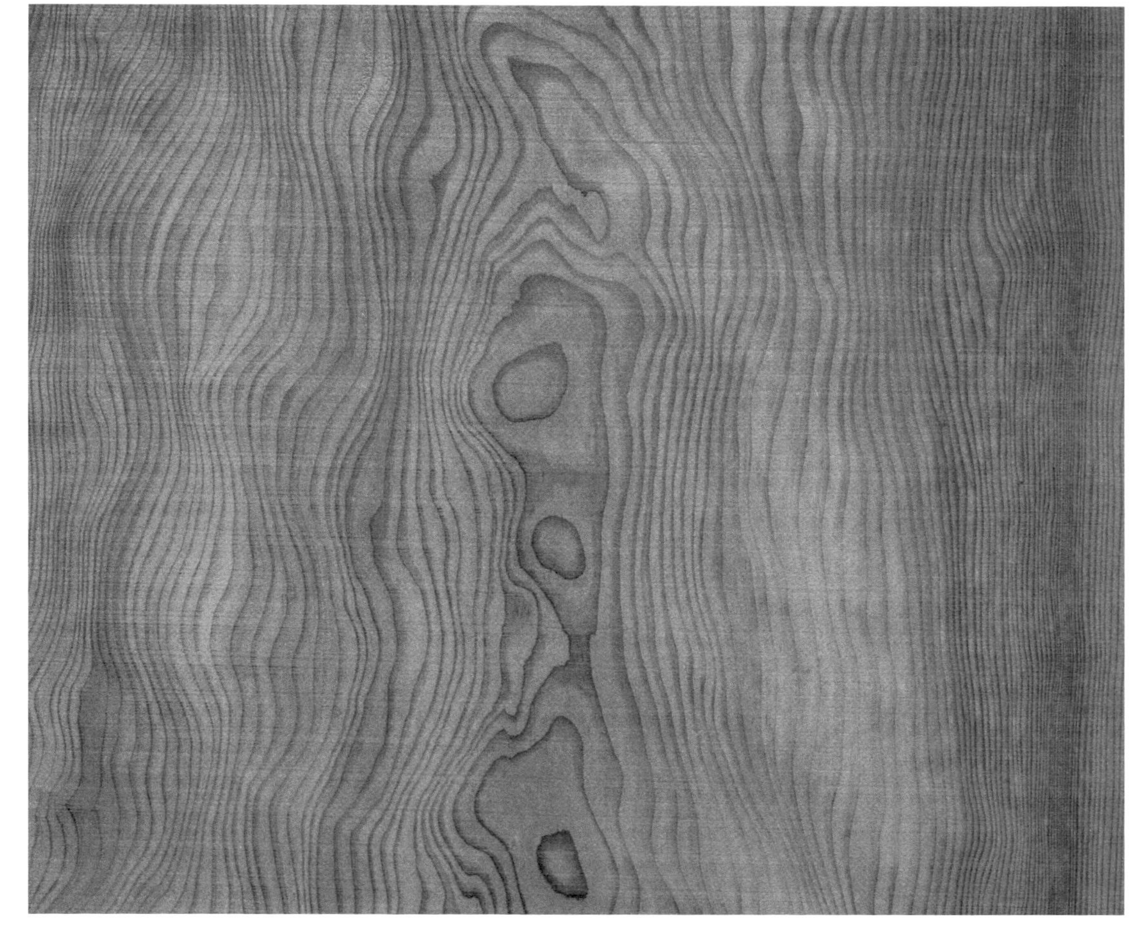

屋久杉天然纹（右、部分） 屋久岛是台风频繁通过的地区，加上江户时代斧头的痕迹、附着在大树周围的物体中心部分的腐烂等原因，很难得到这样的材料。

屋久杉天然纹（2种尺寸） 宽1尺8寸，长度2间。

屋久杉天然纹（左、部分） 屋久杉的末端大部分都有折断后横向变宽的倾向。树高大多在30米左右。上面的照片中的都是用了800年树龄的木材制作的，经过了15年。

屋久杉天然纹　这是从2000年的杉树上取材制成的天花板。长1间，宽1尺6寸。

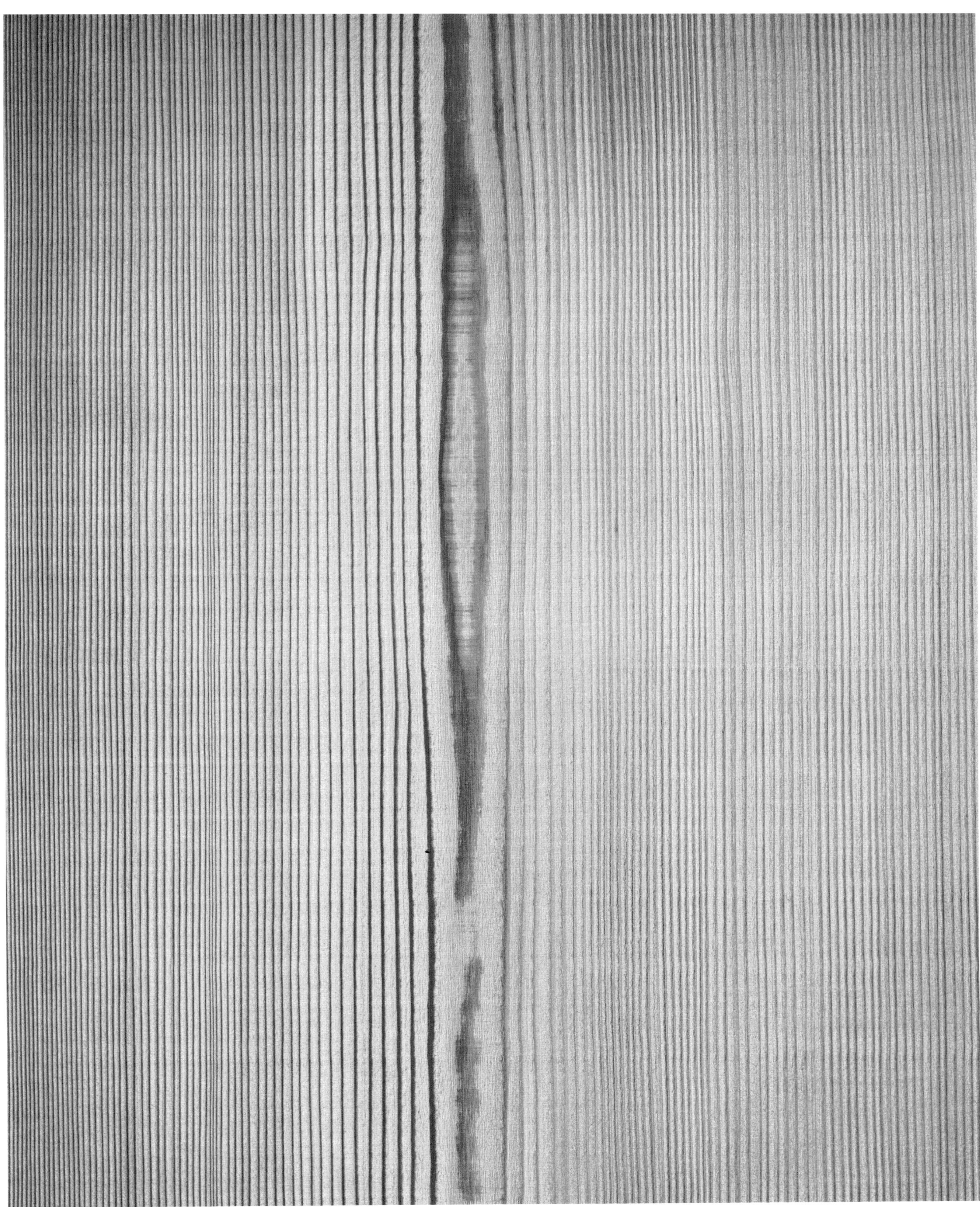

吉野杉中纹广板　吉野杉中纹比较好。因为在关西中纹很受欢迎，所以吉野杉中纹的人气很高。中纹的宽度最好是3根手指。这张照片中无论是中纹的情况还是左右的对齐方式都是最高级的。

春日杉竹纹广板　普通天花板的宽度是1尺3寸，制作成宽板的宽1尺6寸，长1尺8寸。这是宽1尺6寸，长1间。

春日杉竹纹　从号称有着数百年树龄的春日社木中提取的杉板上，可以捕捉到美丽的竹纹。竹纹突出的感觉很有特色，随着油脂的增加，颜色也会变好。

桐　由于其吸水量少、难以燃烧，所以经常被用作衣橱等，但作为建筑材料，除了天花板外，还可制成圆形的地板柱、落挂、栏杆。

神代杉　由于火山爆发等原因，埋在地下的杉树被挖掘出来。也有产出自河流泛滥地方的。前者是茶褐色，后者是黑色。用于制作茶室的天花板、落挂、棚板。

土佐杉　据说和秋田杉很相似，但是红色很淡，冬纹稍粗。可以说个体的差异很大。因为产于鱼梁濑地方，所以也被称为鱼梁濑杉。

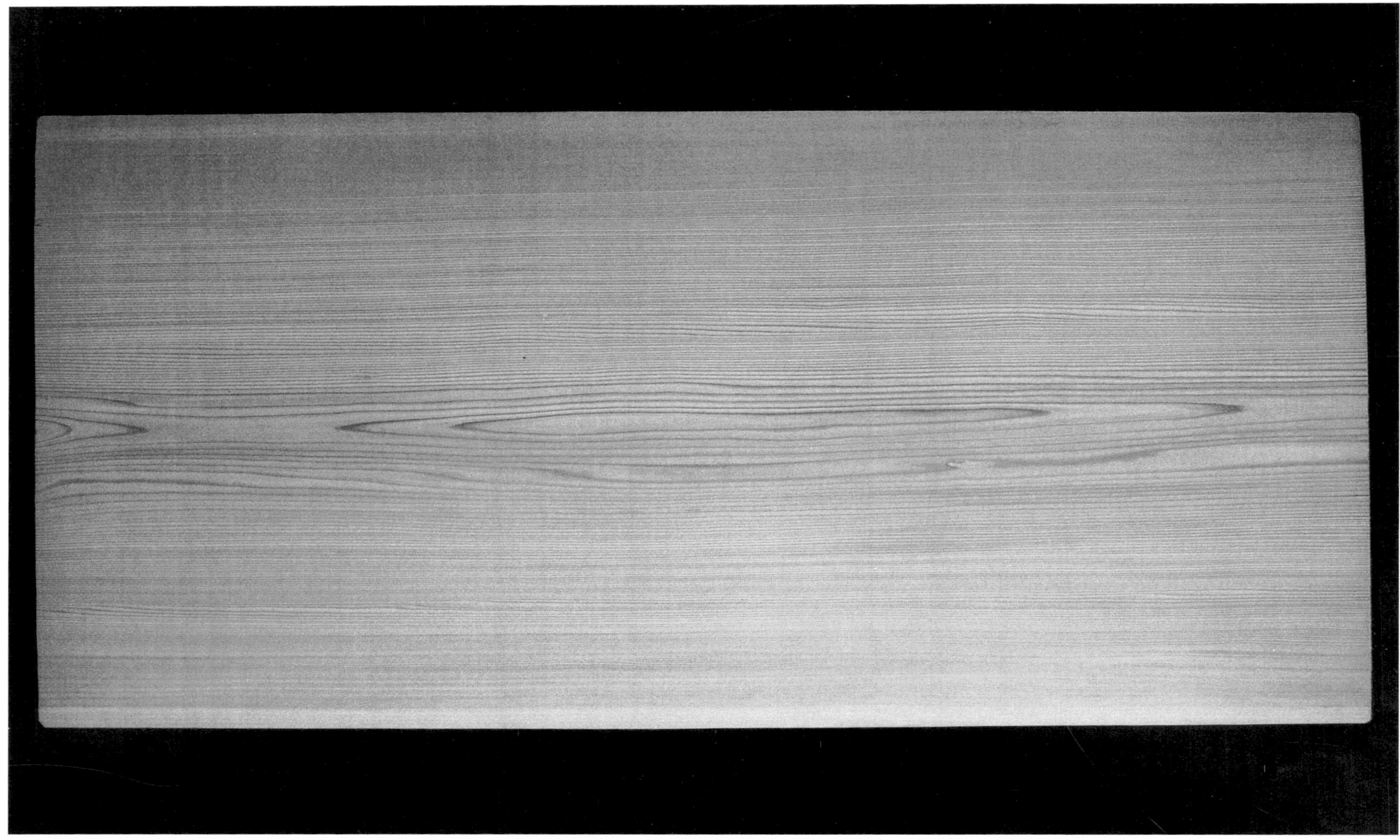

秋田杉镜板　长6尺7寸，宽3尺2寸，厚5分。

春日杉镜板　长6尺9寸，宽3尺2寸，厚度5分。

土佐杉镜板 长6尺6寸，宽3尺，厚5分。

屋久杉镜板 长6尺4寸，宽3尺，厚5分。

天花板材料

为了让茶室的天花板狭窄的印象稍微柔和一些，其构成也有了变化。把矮顶（点前座）的天花板变低，表示主人谦逊的样子。平顶、吊顶、点前座通常使用苇、蒲、纸、茭白等，挂在天花板上的竹制或小圆木的锭上，贴上杉皮或黑部杉野根板。野根板的宽度小，覆盖在网上，也经常用于平顶和矮顶。苇、角荻产自滋贺县琵琶湖畔，蒲产自利根川的水乡，本荻以关东出产为佳，茭白是在淀川河床上生长的东西。

蒲芯线穿　把线穿过蒲的茎。用于茶座的平顶或点前座的矮顶。

大神苇线穿　稍粗一些，用于茶座的苇顶棚。

本萩铁丝穿　剪下一年生的荻，用火烤，去掉绒毛使用。整理好粗细，用铁丝穿过作为天花板材料。

煤矢竹铜线穿　因为以前用在箭上，所以有这个名字。加工成煤矢竹用铜线穿过。比苇、蒲粗。

蒲叶线穿 将3片蒲叶合股用线穿过，用于天花板材料。

大神苇花纹混纺线穿 将苇皮部分保存，每隔3年左右，在颜色变化的地方取皮做成花纹。

带皮苇线穿 苇一般是剥皮后使用的，图中是尖端带皮的部分。用于制作茶座的门帘等。

茭白线编 用于茶座的平顶和矮顶。因为是耐水的材质，所以经常被用作祭坛的地毯。

角萩针穿 生长在苇和苇之间，从上面看是四方的。有时会敷上灰泥做天花板。

代用萩针穿 作为萩的替代品，使用了麒麟草、三叶草。

杉皮 砍伐杉树后，将长度约6尺的部分剥皮晒干。没有节孔的是上品。用于天花板材料和屋顶材料。

花柏野根板 黑部杉多在板纹上用稻草做直纹。从圆木上取下来大小相同的木板，剥成24片。

黑部杉野根板 黑部杉也叫“侧柏”。从圆木的芯材部取出宽5寸、厚9分、长3尺2寸5分的板，剥成16片。

山口邸客厅天花板　吉野杉直木纹

佐佐木府邸二楼六叠榻榻米房间的天花板　吉野杉中纹

佐佐木邸主室天花板　春日杉木纹

三溪园白云邸书院天花板　雾岛杉的格板上北山杉的竿缘形成的格顶棚

三溪园白云邸奥书院天花板　桐的格板漆涂竿缘格顶棚

八胜馆八事店御幸间天花板　杉

美浓幸走廊天花板　杉

无限庵走廊天花板　杉　直木纹

筱园庵茶室天花板　黑部杉　野根板和蒲

北村邱珍散莲内玄关天花板　杉皮

山翠楼水仙间天花板　黑部杉　野根板及苇

椽子

在屋檐下或室内可见的地方出现的椽子很结实，同时也不能不美观。因为想营造出平稳轻快的氛围，所以想用粗细适当的材料来修整。因此，椽子多是细而结实、黏性强的圆木。是使用无节的北山杉，还是喜欢吉野的带小节的呢？这是和天花板材料、板条、宽板条一起决定的。天花板倾斜面上也有很多椽子。照片中的材料是标准的10尺4寸，10根编排。赤松小椽子是10尺，24根编排；赤松椽子是10尺4寸，2根编排。这样的木材不仅能用来做椽子，还可以用于壁止及其他适当的用途。

霞中庵八叠间天花板倾斜面椽子　吉野杉

霞中庵八量之间椽子和梁　北山杉

小堀家成趣庵廊　香节（竿边　樱）

清流亭玄关天花板椽子　北山杉

冈部邸茶室廊　香节

北村邸客厅土缘椽子　锈圆木和胡麻割竹

佐佐木邸横梁　北山面皮

小泽邸门椽子、檩和梁　桧

竹子

全世界约有600种竹子，据说日本就有其中的200多种。日本人品尝竹笋，用感性捕捉竹叶上积雪的风景，作为道具和工艺品的材料广泛使用。在居住方面，除了制作围墙、濡缘、格子等外圈，还利用其不易折断的特性，用于椽子、板条、宽板条、力竹等领域，十分便利。当然，由于竹子跟数寄屋的地板边缘的关系很深，也被用于地板柱、棚吊木、竿缘、回廊边缘、壁止等，但说到底还是要仔细斟酌材料，适当地使用才是上策。从植物的分类上来看，作为建筑材料使用最多的是真竹、孟宗竹等。

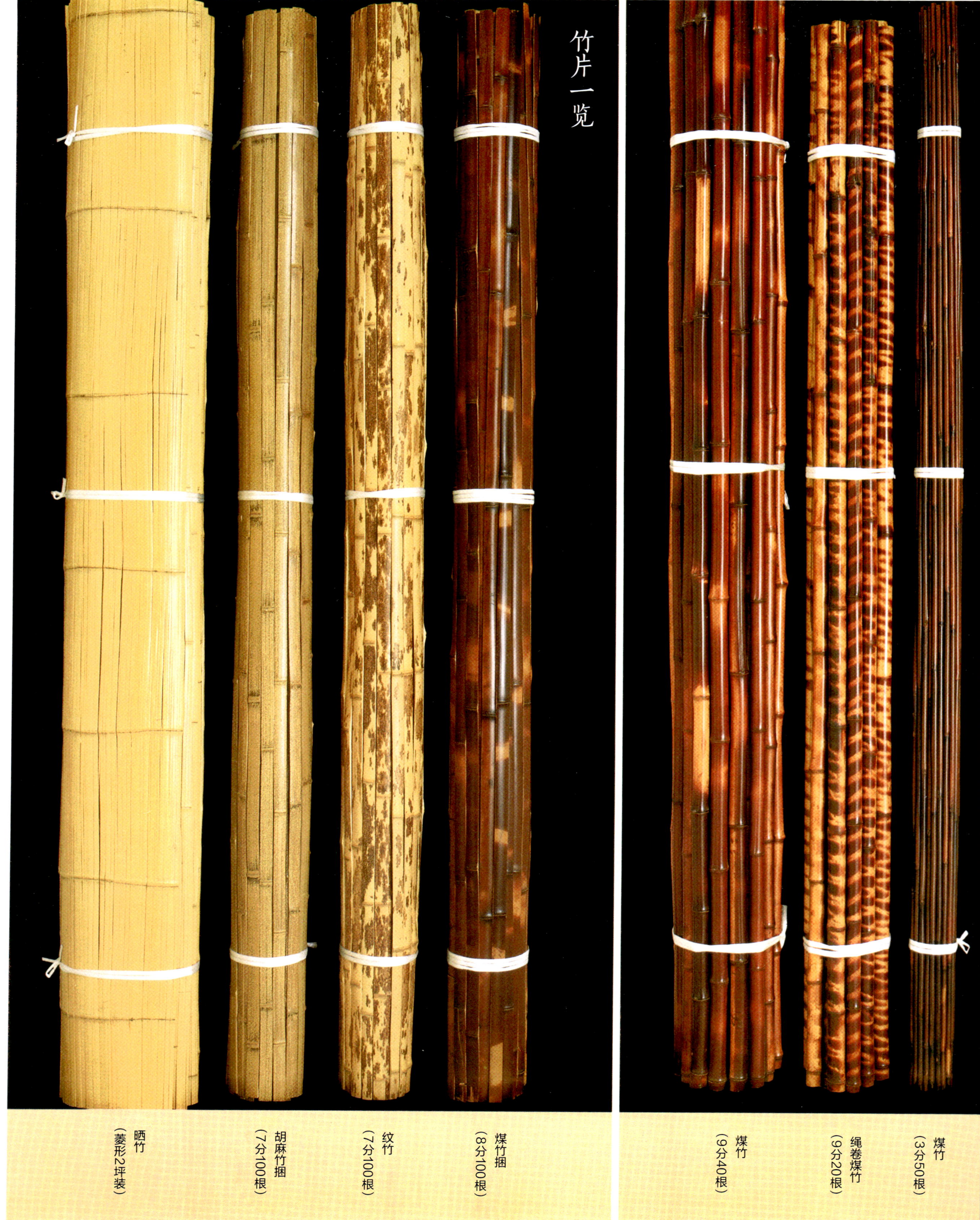

晒竹（菱形2坪装）

胡麻竹捆（7分100根）

纹竹（7分100根）

煤竹捆（8分100根）

煤竹（9分40根）

绳卷煤竹（9分20根）

煤竹（3分50根）

一捆竹

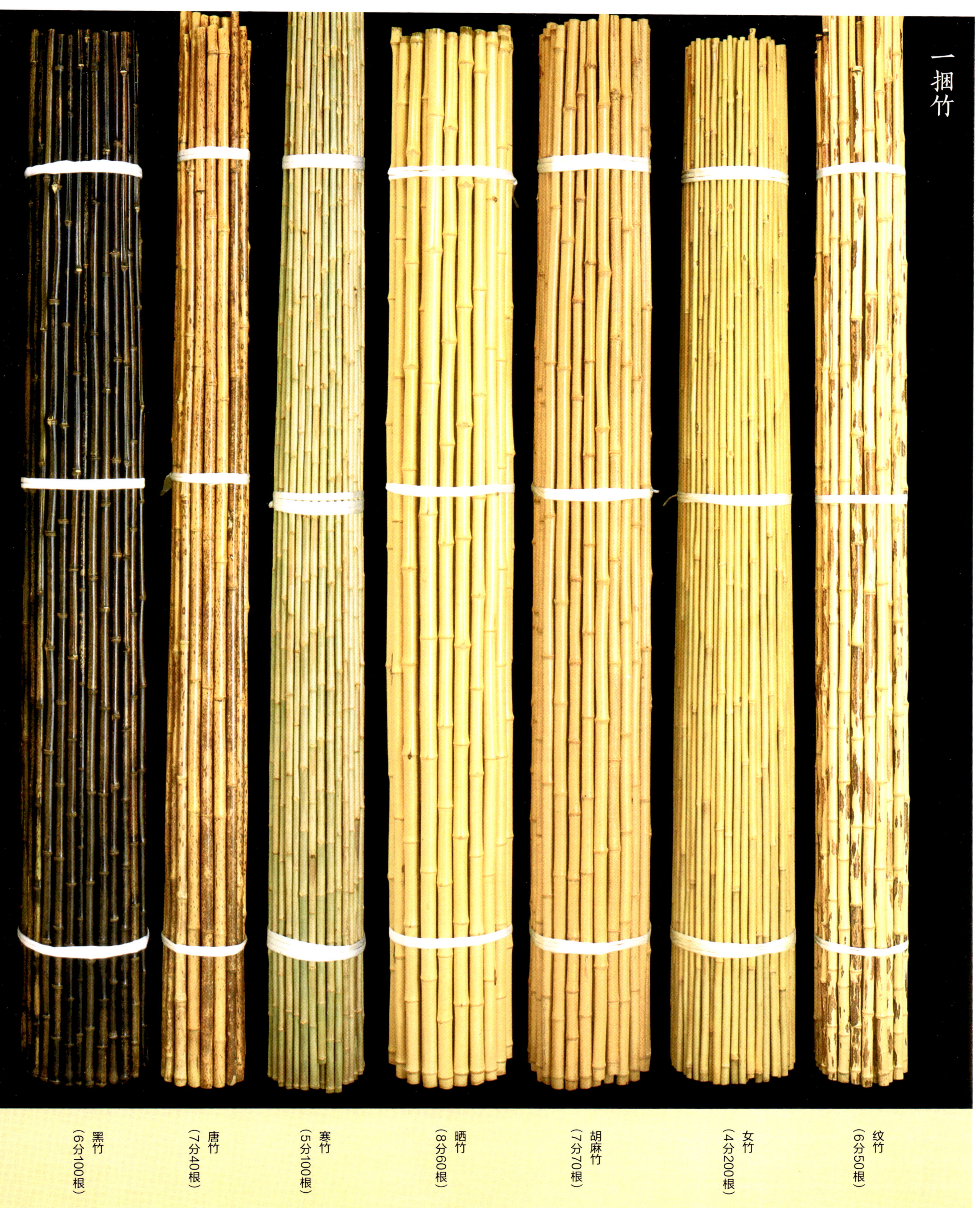

黑竹（6分100根）

唐竹（7分40根）

寒竹（5分100根）

晒竹（8分60根）

胡麻竹（7分70根）

女竹（4分200根）

纹竹（6分50根）

中柱、挂挂、壁止用竹

图面竹

纹竹

黑竹

带芽晒竹

图面角竹

图面平竹

图面角竹（中部弯曲）

胡麻龟甲竹

龟甲竹

新染煤龟甲竹

霞中庵茶室柱和廊　带芽的晒竹

成异阁清香轩地板柱　晒角竹

上村邸茶室壁止　胡麻竹（真竹）

冈部邸茶室壁止　煤竹

美浓幸玄关天花板　真竹

铭木的历史与现况

日本建筑材料的历史和现况

上村武

介绍

日本是树之国。若听到现在日本国土的百分之六十仍被森林所占据，恐怕很多人都会感到惊讶。过去估计所有的土地都是森林，古人是不是都开垦了土地才开始居住的呢？从那些森林中产出了各种各样有用的木材，日本人的生活正是通过巧妙自如地使用这些树木来构筑的。可以说日本人的文化正是和树木一起孕育出来的。至少在进入明治时期之前，日本的建筑都是木造的，其中应该也孕育了日本的文化吧。在此，根据这样的历史，作为其前提的各种木材是如何变化的，让我们从生产的立场来观察。我们长期热爱着的木材的历史，不如说也同时是木材利用的历史吧。

明治时期

关于木材生产利用的第一步——伐木造材的运输，在藩政时代，各林业地都采用了各种独特的手法。明治十年（1877年），内务省地理局设立了官林工作科，开始了官行砍伐事业后，技术的交流迅速进行，之后逐渐平均化。那个时候，伐木造材中只用斧头的地方也不少，但是之后除去木曾的一部分地区，斧子、锯子的并用法急速普及。被砍伐下来的木材根据地方不同而制成圆木或樵夫角的形式，从山里运输出去，不过，也有像尾鹫一样以板材或木盘运输出去的情况。在秋田及其他各地，人们经常能看到将圆木打成橘瓣形式的“寸甫”，其制造材料减少了三成，随着搬运手段的发达，这种手段明治四十四年（1911年）被废止了。出山有抬出去、用网运出、雪橇运输、木马运输、滑道运输等，明治后期还有了用车运输、铁路运输。

自古以来，从土场向消费地运送木材都是通过管道、木筏等水运，因此有名的林业地在大河的上游流域发展起来。但是，从明治末期开始，水力发电站的水坝建设得到了推进，水运受到了很大打击，随着矿业运输手段的发展，木材运输手段也发生了很大变化。明治四十年（1907年），天龙川结束了水运，改为缆车运输，在那之前，各地也进行了若干以铁路线或缆车运输木材。另外，明治二十九年（1896年），在神奈川县开通利用木轨道进行木材运输的森林铁路，明治年间，津轻森林铁路、鱼梁濑森林轨道等相继开通。

像这样运到消费地的原木一般是用木锯来锯的。明治十四年（1881年），东京市内有43户人家从事锯木业，与当时市内的约40000户相比，这个数字并不是那么少。因此，把所有的材料都采购出来的这些人，关于木材和建筑的知识极为丰富，而且能分辨出树木的特性，所以不会制作出有裂缝的木材。顺便说一下，现在在东京有5名锯木业者，名古屋有2名，大阪有4名，据说全日本也只有十五六人。

那么，机器造材进入日本是在幕末时期。圆锯最初被进口到横须贺制铁所（后来的横须贺海军工厂），后来在明治时期投入使用，接着明治五年（1872年），条锯在札幌木锯所开始投入使用。在民间，特别是静冈县，逐渐出现了新设的木材工厂，到了昭和20年代，天龙地区出现了很多只有一台圆锯的工厂。据说当时圆锯的木材制造效率是木锯的4～6倍，制造费用是木锯的40%左右。但是明治二十九年（1896年）的木材工厂数量只有少得可怜的三四家。木材工厂的正式活跃起来是在明治30年代以后，这个时期逐渐开始使用线锯，日本产机器的制造也变得繁盛起来，也开始在各个地方开设大规模的工厂了。

不久后，机械加工也渐渐改变了木材的使用形态。木锯的锯面窄，效率不高，所以锯出的木材直径在30厘米以上，虽说从背板部分把板材锯出来也不是什么精细的工作，但是机械加工却可以将这两者兼顾起来。也就是说，一方面能充分利用小直径的原木，另一方面则是降低了用大直径木材生产薄板的成本，扩大了薄板利用的路子。另外，市场的扩大也带来了批量的生产方式，可以说通过机械的精密集约化生产，确立了规格统一的现代木材商品的市场性。

但是，另一方面，小直径木材的利用可以降低林业的采伐，到现在为止的疏植地也采用吉野的方式，变成了大规模的密植造林，甚至对建筑用材本身的小直径木材化也产生了影响。另外，批量生产的成品不能充分展示出每棵树的特性，并且高速切削产生的发热会损坏木材的光泽，这多少也会带来一些负面影响。

大直径的木材是必要的，御门材等需要直径1米的、没有瑕疵的圆木，因此必须要树龄在800年以上。这之后，产生了被称为神宫备林的特别的施业方式.即使抛开这一点，经过了150多年历史的木曾桧，也确立了与其他桧木材料大相径庭的特殊用途。此外，明治末年开发出的台湾桧，是拥有艳丽色彩的木曾桧的代用品，其更高的特殊用途，也一直延续至今。

虽然比不上木曾桧那样的程度，但主要生产柱角的三重县尾鹫地方、奈良县吉野地方等也有四五十年的伐期。在不适合杉树造林的地方植树造林，通过集中经营，将其用于高级柱角的生产上，进而推广到模仿杉树造林的纪州、天龙、西川、青梅。于是桧木造林便扩大到了更加贫瘠的土地。说起瘦地，就会想到赤松、黑松，无论哪一种都是能在瘦地生长得很好的树，自古以来就因又可防风防潮、也可作为自家建筑用材的备林等在平地上种植。由于其强度大、耐水湿，作为建筑材料是非常优秀的，但是由于其油脂大、坚硬、难以加工等原因，被木工们敬而远之，商品价值与杉木、桧木相比一般较低。另外，赤松、黑松合计的生产量在明治后期与杉木和桧木合计的量相当。而且，桧木是杉木的七分之一左右，那时的木材需求量是人均0.15立方米左右，大约是现在的六分之一。

明治时期的前半期，木材经过批发店、中介店（小商贩），背后一直都有着江户末期木匠、工匠的身影，后来木材需求逐渐增加，到了商品多样化的明治后期，批发店、中介店也逐渐专业化，分化成了批发店经营原木屋（圆木或粗制方材，也有兼做木材制造的）、羽柄屋（经营针叶树木材）、硬木屋（经营阔叶树木材）等，中介店进一步分为羽柄屋、杂木屋、唐木屋、桐木屋、竹屋（经营切圆木、穗付圆木、竹材）等。羽柄屋更加专业化，也出现了以秋田材、尾鹫材等以产地划分木材制品的店。在杂木、唐木、桐木等木材的专卖店，很多人难以区分批发商、中介店，这类系统的经销商就是后来的铭木店的雏形。例如，历史最悠久的铭木店——篠田铭木店于明治三十四年（1901年）创立，之后以篠田唐木铭木店为名。因此，现在的铭木店的概念应该是在明治末期形成的。当然，把铭木作为铭木来利用是从江户时期开始就一直持续着。例如，北山圆木在明治时期还没有被分类为铭木，但是在江户后期，毫无疑问是作为铭木使用的。明治三十年（1897年），吉野从北山引进了技术，开始生产磨圆木，因此磨圆木被称为“京木”。明治四十五年（1912年）出版的《木材工艺的利用》中记载，建筑用木材中，纯粹的、精致的、古雅的东西等很多都被用在茶室、料理店的建筑上，不过，北山圆木和吉野圆木却并没有被分类在铭木当中。

话说回来，批发商、中介店之流在当时也不一定就会完全按照既定的规则做，批发商中也有直接销售给大需求者即所谓现在的纳材批发商，中介店中也有被称为“山采购”的直接采购产地制材的人。另一方面，大型近代资本进入市场，进行采购销售以及公司的贸易活动也已经开始了。虽然最近也有进口外材的情况，但这是极为例外的事例，除了唐木以外没有形成统一的木材供给源。

在木材制品以外的木材加工领域，明治四十年（1907年）首次开发出了日本产合板。不过，明治二十七年（1894年）从美国引进了合板的样品，并不是日本独特的发明，用途也相当于箱子（茶盒）。明治二十三年（1890年）发明了“贴付天花板”作为建筑材料用，这是在木板上平行贴上木纹的薄板，明治末年，在木板上用胶水或糨糊粘贴0.4～1毫米厚夹板的东西已经开始流通，那时形成的技术正是如今的装饰贴合板和贴底的基础。

关于地板，明治时期还没有地板材料，一般是将针叶树的厚板进行拼接、嵌合、嵌接等加工。树种除了杉、桧，还使用北美黄杉。高级的地板则多是以榉为主的阔叶树为贴面材料。

大正时期以后的木材加工，除了木曾地方全面变成了斧锯并用的方式之外，没有大的变化。但是，在这个时期，大正十年（1921年），虽然没有正式有效地投入使用，但是电锯已经被试用了，这一点值得大写特写。从大正九年（1920年）首

吉野川放排（大正中期）

这个时期，日本的经济处于繁荣期，经济的发展当然也会增加木材的需求量，大正末期木材的需求量增加，外国木材的进口量也增加，人均占有率从明治时期的0.15立方米增长到了0.35立方米。木材厂在大正初期也达到了1400家，到了大正末期达到了9000家。木材加工机器的各个零部件都是日本产的，但是带锯的盘的性能还不能说好，作为大型切割机的圆锯盘逐渐不好用了，于是迎来了长锯盘的全盛时代。长锯盘是将多个纵向的小锯以一定间隔安装在框架上，可以上下移动，所以是将同一厚度的小木材同时进行生产，从这一点上也可以看出市场突然增加了需求量。

大正时期外国木材的进口逐渐增加，这一点在统计上也有所体现。从明治前期开始，北美木材的进口与唐木等混合在一起，似乎只进口了少量，但明治十七年（1884年）进口了西部红柏的割材，那时也同时出现了北美黄杉的名字。在对北美木材的统一进口中，西部红柏是在明治二十八年（1895年），北美黄杉是在明治三十年（1897年），甚至有报道称，明治三十二年（1899年）就在考虑用日本产木材对抗北美黄杉。但是实际上，北美木材即使进入大正时代也大多被用于特殊用途，很难巩固其作为一般用木材的地位。北美黄杉的用途也几乎都是作为造船材料。大正五年（1916年），北美黄杉的割材作为天花板材料进口至大阪，大正十年（1921年），北美黄杉大量进口至名古屋。北美黄杉的急剧增加是从大正八年（1919年）开始的，根据第一次世界大战后的统计，大正五年（1916年）北美木材的进口量是3万立方米左右，大正八年（1919年）是7万立方米，大正九年（1920年）是21万立方米，大正十年（1921年）是76万立方米，大正十一年（1922年）急剧上升到了171万立方米。

次在木曾引进伐木机进行砍伐作业开始，数台伐木机在各地的国有林开始运作。引进拖拉机也是这个时期。明治时期开设的森林轨道被改建成了新的森林铁路，同时新的森林铁路和森林轨道也相继铺设，形成了森林铁路时代。这个时期的火车都是蒸汽机车，大正十二年（1923年）首次导入了汽油机车。另外，也有从大正七年（1918年）开始以卡车作为运输工具的记录，但这也还只是极少数的事例。架空索道在大正年间进入了实用期，以民间为中心在各地开始了有效运行。

运出吉野木材的情形（大正中期）

大型木材工厂（大正时代）

关东大地震更是加速了这种状况。大正十二年（1923年）11月，复兴局从美国紧急进口了23万立方米木材，从加拿大紧急进口了6万立方米木材。以前说到北美木材的话都是北美黄杉，但是到了这个时候，铁杉黄杉、云杉、桧木等也开始进口了。然后过渡到了昭和初期的北美木材过剩时代。北美木材有很多是以大中方材的形式进口，然后将其进行再改制，做成可用于建筑的木材。唐木是属于南洋木材的树种群，现在说到南洋木材，大家都会想到一种叫作柳安木的木材。这种柳安木在大正后半期的进口也很引人注目。日本第一次进口柳安木材是在大正三年（1914年），因其经由上海而被称为上海柚木，但是和唐木差不多。即使到了大正后期，柳安木也被当作贵重材料来对待，想来也不是没有道理的。那种又长又大的没有节疤的木材在日本产材料中很难得，其外观酷似红木，在欧美被称为“菲律宾桃花心木”而被珍视，而且直到现在都还保留着这个称呼。在日本，当时柳安木材也被用作高级建筑材料。第一次世界大战后的柳安木材料进口量只有10000立方米左右。

在这个时期，北洋木材的进口也走上了和北美木材相似的步伐，进货量达到了15%～30%。这是以虾夷松、库页冷杉为主体，在建筑相关的用途上并没有大量使用，其中西伯利亚松的直径比较大，木纹也比较好，因此引进此品种用来对抗北美黄杉。

台湾桧在大正时期完全确立了它的地位，在大正末期到昭和初期盛行建设的神社、寺院等大建筑物中以压倒性的优势予以使用。与此相对，大正十年（1921年）开始进口的北美桧木，当时以木曾桧供给价格的30%、台湾桧供给价格的70%的低价，作为常见的材料而被广泛使用。

从明治中期开始，以关东大地震为契机，一直种植在不适合种植杉树、桧木等树木的地区的唐松突然开始投入利用。一开始是小直径的木材作为应急建筑材料投入使用，不久，由于震灾时在基础工程中使用了长尺寸圆木的高层建筑受害较少，于是之后的建筑工程中使用的圆木桩的需求增加了。由于唐松木材耐潮湿，所以将长度10～20米的长尺寸圆木用来作地桩使用，这种做法一直持续到后来。

大正时代对于刚刚被开发出来的合板，正是将其实用化的时代。这个时候的合板是以枹树、桦树、香木等北海道树种为原料，在胶体中并用福尔马林强化其耐水性，制成厚度为4毫米左右的合板，但是其性能，特别是耐水性能很低。据说大正三年（1914年）开始用柳安木圆木制成合板，而真正以柳安木圆木为原料是在大正末期开始的。关东大地震短时地提高了对合板的需求，但由于胶合板形状太小且不适合作为复兴材料，所以没有飞跃性的增加需求。尽管如此，与大正二年（1913年）的工厂数为3家、生产量为38万平方米相比，大正十二年（1923年）的工厂数增加到了16家、生产量明显增加到了272万平方米。

在地板领域，大正二年（1913年），北海道开始地板材料制造产业化，这是由于要将枹树寸材进行辅材处理。但是，随着纺织工业的发展，大规模的地板材料开始投入使用，在大正十年（1921年）以后开始得到广泛的认可。树种大部分是枹树，一部分是桦树。关东大地震对地板材料有一些负面影响。之所以这么说，是因为大量的北美黄杉的地板材料作为复兴材料进口到日本国内，并大量用于政府机关和学校。从大正九年（1920年）开始生产直接贴在混凝土地板上的地板片。到了这个时候，一方面阔叶树材料的人工干燥的必要性变强了，另一方面大工厂配备人工干燥装置的地方也增加了。

昭和时代前期

进入昭和时代后，关于伐木制造材料的工作，虽然做了两三次尝试，但几乎没有变化。在集运材料方面，大正时期引进的外国技术逐渐日本产化。而且，索道和铁路的普及度也越来越高，与之相对应的，废止放排运输的情况也越来越多。而且，贮木场的必要性减少，产地直送的倾向也变强。另一方面，从当时的国际形势来看，燃料自给的倾向增强，在林材相关问题上，强制使用木炭煤气和薪煤气代替汽油的话，可能就会引发战争。当然生产效率下降，对木材生产来说是机械化的倒退。木材生产量虽然增加了，但民需被迫陷入了不充裕的时代。战争时期，使用牛车代替森林铁路的机车，马车代替卡车的情况也是有的。

昭和初期也是因为外国木材的进口，特别是北美木材的激增而给日本产木材带来烦恼的时代。在木材消耗较大的地区也出现了进口木材专业加工工厂。而且，锯齿间距固定、木盘没有弹性的长锯渐渐让位给带锯的小盘，动力也从蒸汽转移到了电力。昭和五年（1930年）开发的高速带锯小盘，因为制作木材速度快，可以使用薄锯片。从高产量的角度来看，一开始是使用小型切割机，后来是大型切割机，渐渐形成了带锯万能的时代。这种发展能使木材砍伐的多样化变得更容易，生产的材料种类也会增加。昭和二年（1927年）的制材工厂数量为9485家，昭和八年（1933年）为10700家，昭和十二年（1937年）为13777家。昭和十六年（1941年）根据木材控制法，对制材工厂的设立许可制度进行了调整，整理前的工厂数量为24525家，整理后为8671家。同时需要说明的是，昭和十二年（1937年）日本的国民人均用材需求量是32立方米。

震灾后急剧增加的北美木材进口势头持续增加，终于在昭和三年（1928年）超过了包括木制品在内的300万立方米，被称为北美木材的万能时代．然而日本的经济形势正处于萧条的深渊，木材界的不景气也非常严重。因此，政府决定对木材关税进行修改，昭和四年（1929年）进行了第一次、昭和六年（1931年）第二次、昭和七年（1932年）第三次提高了关税征收，截至此时的北美木材进口量开始减少，到了昭和八年（1933年）还达不到120万立方米的程度。另一方面，南洋木材合板生产量也在急剧增加，从昭和八年（1933年）开始，到昭和十四年（1939年）达到了47万立方米。然后，进入昭和十六年（1941年）最后变成了零。北洋木材也基本上和北美木材一样。

那关键的日本产木材方面如何呢？尽管与进口木材抗衡，但出材量并没有显著减少。昭和十六年（1941年）的日本产木材供应量达到了国民人均0.47立方米，官民合计的采伐面积从昭和初期的30万公顷增加到了70万公顷。另一方面，作为补充的造林面积，由于受到进口木材影响使造林意欲降低，到昭和五年（1930年）为止都在持续下降，造林面积最终没有超过砍伐面积。尽管如此，人工造林面积一年就达到了30万公顷，接近昭和初期的3倍。这一半是总动员的结果，也有一半是被强制的。

在这个时期，我们应该注意到对榉木材的开发和利用。阔叶树林，尤其是占日本国有林大部分的榉木，虽然数量上很多，但因其材质容易歪斜、腐烂，没有好的利用的方式而被搁置了。但是很早以前就有人提出其开发利用的必要性，昭和五年（1930年）有僧人曾尝试过为利用榉木而在日本国有林中开设带有蒸汽干燥设备的制材所，在亲自着手开发的同时，在民间也采取了各种各样的辅助措施。虽然效果并不理想，但其努力取得了成果，最终榉木成为地板、家具装修等不可或缺的材料。昭和40年代，短暂发生过由于榉木材料不足，人们要求调换供给的事故。

进入昭和时期以后，大城市的人口显著增加，郊外也相继建起了住宅，这使租赁住宅有所增加，木材的需求也更加旺盛。昭和初期，工薪阶层退休后，会建造出租房为晚年做打算，木材店用便宜的材料建造出租房的风潮盛行，使用的结构材料是北美黄杉，制作材料是北洋木材等便宜的材料。当时流行的“文化住宅”也是如此。当然，从整体来看，建筑材料的主流是杉树，另一方面，这个时期用高级木材来进行

吉野材料搬出（昭和初期）

大阪横掘的铭木店（昭和初期）

日式酒家和宅邸的建造也很盛行，给铭木店和处理木材花色的高级木材专门店奠定了基础。昭和初期的木场间屋大致可分为原木、羽柄、制材（出租），专业方面还进一步将阔叶树、铭木、吉野木、尾鹭材、虾夷材等进行了多样化的组合。

日本政府终于在昭和十四年（1939年）9月制定了木材生产控制规则，木材界也进入了控制时代（但是铭木除外）。第二年，即昭和十五年（1940年）12月实施了木材的法定价格，昭和十六年（1941年）终于实施了评价不好的木材的控制法，木材店被控制公司吸收，中央设立了日本木材有限公司，各县设立了地方木材有限公司，负责生产和配给等事项。这个控制措施不可能顺利进行，引发了各种各样的混乱。

合板从昭和前期开始飞跃性发展。昭和六年（1931年）工厂数只有15家，生产量900万平方米，昭和十五年（1940年）工厂达到200家，生产量达到7600万平方米，增加了8倍以上。其理由是作为原木的柳安木材料的地位固定下来，进行了稳定的进口，工作上的各种条件也得到了提高。而且合板制造机械由专门的日本国内厂家进行生产，机器的设置变得容易，在港湾地区增加了新设的工厂。另一方面，昭和六年（1931年），日本国内开发出由大豆蛋白制成的大豆胶，便于使用，价格也便宜，可以代替酪蛋白胶大量投入使用。不过，这种易产的大豆胶也容易产生劣质品，也有负面评价说“胶合板会开胶”。

在合板的同类中，有贴直木天花板和天然木装饰合板。前者是昭和初期在秋田县能代、大馆地区开始发展的，当时的平板是板材，六尺合板开始作为平板使用是从昭和十年（1935年）开始的。后者也是这几年开发的。将铭木板胶粘在合板上。与合板制造的惊人进展相比，地板制造的发展则不太可喜。其最大的原因是干燥技术不成熟。从昭和初期开始的强化国有林的计划，到后来有多达500家工厂设立了直营加工厂，包括技术和人员在内，强化了地板生产。有记载称，昭和八年（1933年）的地板制造工厂数为27家，生产量为66万平方米，昭和十五年（1940年）工厂数为59家，生产量约为400万平方米。

昭和后期

随着军需产业转变为民用，驻军的存在对木材生产也产生了巨大影响。昭和二十九年（1954年），由于台风，北海道出现了3500万立方米被风吹倒的树木，为了在三年内迅速处理掉这些树木，国有林投入了尽可能多的机械力，以此为契机，官民一起进行了木材生产的机械化。

特别是砍伐木材中大量引进了美国制的电锯，不久就迎来了电锯时代。但是，昭和四十年（1965年），振动性白指病作为一个大问题被提出来，其结果导致了机械的改良和自动化电锯的开发。现在，在一些小直径的木材砍伐上都在使用可动式动力剪。

林内作业随着拖拉机和收割机配合陡峭的日本山进行小型化的改良，普及度也随之提高，随着固定模式的玉切机和装货机的发展，山中的工作形态也发生了变化。

架空索道不断改良，并得到了广泛普及，但是随着收割机的普及和林道网的整备，从昭和50年代开始就有了停滞甚至下降的趋势。放排的方式在昭和三十九年（1964年），在能代营林署进行了最后一次运输后便结束了其漫长的历史。另一方面，森林铁路在昭和20年代后半期到达顶点，后来便逐渐被货车取代，终于在昭和四十九年（1974年），木皆谷的王泷森林铁路最后完全消失了。随着一般运输业的发展，专用于运输的卡车也在逐渐消失。

另外，高级材料的运输也有一部分使用了直升机运输，可以在核算范围内实施事业，在加拿大等地实行的热气球运送方式在日本还处于研究阶段。但是，日本的山林和作为进口木材产地的美国等地相比是陡峭的，而且是分散的，所以运输成本过大，在与进口木材的价格竞争力上相比较差，特殊的高级木材另当别论，但对于一般木材，提高林道密度，使其便于地上运输是比什么都更迫切的。

而且，尽管山上的砍伐面积并没有减少，但是木材供应量却暂时剧减。昭和十九年（1944年）的木材产量是2960万立方米，昭和二十年（1945年）下降到1800万立方米，第二年下降到2000万立方米。木材控制法于昭和二十一年（1946年）废止，但基于持续临时物资调整法的木材价格、配给等的控制，一直持续到昭和二十五年（1950年）。从藩政时代开始的秋田杉天然木资源已经见底，砍伐量被严格限制，在明治以后的造林杉中，有超过100年的成年树加入了秋田杉的行列，从现代的眼光来看，实在是非常可惜的。

话说回来，解除了控制后，受通货紧缩的影响，木材价格也低迷，处于低于法定价格的状态。昭和二十五年（1950年）以后的16年间，木材的价格和需求量几乎是原来的两倍。昭和二十年（1945年）以后的人工造林面积，也增加到了19万公顷，后又增加到了30万公顷，昭和二十七年（1952年）以后以每年增加35万～40万公顷的幅度一直持续着。这是当时向未来提供的巨大的木材供给源。当然，当时并不是为了马上能够使用而努力植树造林的。那是为了让树木使山间变绿的同时，作为未来的资源发挥作用。那个时候，为了设法使青黄不接的木材供应能够重新恢复，而成立了森林资源综合对策协议会，甚至进行过一个叫作“别使用木材”的运动。昭和30年代后半期，为填补不足的木材而进口的外国木材开始急速增长，不过，一开始仅仅是使之作为合板的原料，然后是作为加工贸易用的材料，之后紧接着才是北美木材和北洋木材。昭和二十九年（1954年），北海道产生了大量被风吹倒的树木，日本为处理这些树木而烦恼。但是在那之后，也造成了同样的北洋木材进口量增加。昭和三十六年（1961年），木材供应终于跟不上需求，木材价格暴涨。政府制定了稳定木材价格的紧急对策，对推进进口木材的商社提出了要求，从而引起了骚动。不仅是原木，木材的进口也完全自由化了。以此为契机，作为特殊材料的北美木材开始向一般木材的需求转化，之后对北美木材需求的增加和日本产针叶树材料的竞争变得更加激烈了。特别是与杉树竞争的美铁杉和混合木材（除去选材剩下的针叶树混合木材）在北美不怎么使用，价格便宜，即使是日本产木材的供给力日益增大的当下，也仍然是挡在需求的面前的阻力。

进入昭和40年代，住宅楼就出现了，新设的住宅动工数量上升到了100多万户，并且持续上升，终于在昭和四十八年（1973年）达到了190万户。与此同时，木材需求也急剧增加，尽管外材还勉强能撑得住，但是昭和四十七年（1972年）末木材价格再次暴涨。由于住房动工数量急剧上升的反作用，昭和50年代出现了减少的倾向，现在已经稳定在了110万户。同时，木材的需求量在最高达到了国民每人近1立方米的水平后，下降到了0.75立方米。另一方面，植树造林好不容易进入了间伐期，间伐的小直径树木的利用成了林业上的一大问题，但是由于以住宅为首的木材需求不景气和进口木材的竞争，解决起来并不容易。特别是脚手架、地桩等使用的小圆木，用其他材料代替会有一些不好影响，这是个问题。随着今后将不断增加的主伐木的生产，如何在建筑上使用木材是木材生产者最关心的事情。

昭和40年代的高度成长期也是铭木大众化的时代。洗净包块、洗出来雕刻的轮廓、清洗腐坏部分等技术也固定下来，后期引入了被粘贴技术支撑的贴柱等，产品加工和销售逐渐分离，与从昭和30年代开始急速成长的粘贴技术一起达到了增长的需求。据说昭和50年代，独栋住宅和30所学校使用的是磨圆木。从那时开始，市场上增加了在其他原木生产国加工的东西。

随着木材供求的变迁，木材的制作手法也发生了种种变化。为了应对总是会出现短缺的原木，制材工业开启了带锯，而且是能提高成品率的薄带锯的全盛时代。并且，虽然人们已经开始关注锯材的精确度，但是从昭和30年代开始，为了应对景气带来的增产，减轻相应的劳务费负担，即使锯片厚了一点，人们也会重用省力的设备，同时工厂内的自动搬运设备也准备齐全了。木材工厂逐渐走向大型化，形成了批量生产的规模，但仍有生产日本产木材的山元工厂在以小工厂的形式慎重地处理高级木材。昭和40年代，进入了进口外材的繁盛时期，日本各地都建设了与进口外材的港口相连接的临海木材工业园区，同时大型外材专业批量生产工厂也开始兴建起来。在这个时候，设置了用水压等方式自动剥皮的装置。昭和50年代，木材工业园区实际上已经超过了10个区域，低产的小工厂则遭到了废弃。到了昭和50年代，因木材需求减少，不仅是零散的工厂，连大型外材工厂也被迫关闭。南洋木材制材工厂等因原木价格上涨、入手困难、不合算且有当地打磨产品增加等原因而导致关闭。过去曾有20000多家木材厂，现在只有将近20000家了。而日本产材料方面，为了小直径木材和间伐木材的处理，可以一次安装双带锯和双圆锯等小直径木材专用的处理机器的开发也在进行中，还建造了小直径木材的专门工厂。

到了昭和二十五年（1950年），市售市场在东京开张了。买方（主要是零售商）在一定的市集中，对从货主那里收到委托的产品进行拍卖，现在已经完全成为一种定式。另外，从昭和40年代开始，在郊外的新兴住宅地等地形成了集合分店的商场式木材中心，这也在全日本形成了一种定式。与各个专业化的批发商相结合的话，木材的流通应该是相当多样化的，但是木材是复杂、有个性的商品，所以想要使之简单化，是很难做到的事情。

日本的合板本来以3毫米厚的薄板的生产为主流，可以说是日本合板的特点，但是从昭和三十八年（1963年）开始，随着原木的质量下降，合板的强度开始被人们重新认识并受到瞩目，特别是强化了混凝土型的格子用、地板用、构造用等合板的生产。最近，1毫米以上的厚合板的生产面积比达到合板全体的20%～37%。另一方面，天然木装饰合板的质量也在制造技术的进步下得到了提高，作为装饰用板产量也在不断增加。从昭和30年代后半期开始，利用铭木式的木纹花色的印刷技术进行印刷，即所谓的印刷合板的生产开始了，随着技术的提高，也逐渐扩大了生产，在市场上占有了很大的份额。与此同时，人们开始生产将合板表面覆盖在合成树脂上，给实用材料赋予装饰性的所谓特殊合板（印刷合板和天然木装饰合板也包含在其中），并有了很大的发展。昭和四十八年（1973年）的特殊合板的产量是合板全体的37%，其中的39%是印刷合板，15%是天然木装饰合板。之后，受住宅生产下降等经济不景气的影响，昭和五十八年（1983年），当时的合板生产量是18亿平方米，特殊合板的生产量是普通合板整体的面积比的25%，印刷合板是40%，在其中可以看到，虽然天然木装饰合板的比率是15%没有变化，但是从整体上来看还是下降了。出口量仅相当于合板产量的1%。另外，所谓粘贴的生产，技术上是比较落后的。之后从秋田开始进一步发展到山形、爱知、高知等地，从昭和40年代始，印刷合板的收入非常可观，还可以替换低级品，形态也从过去的中间带着阴影，到后来的越来越透明。

与作为平面材料的合板相比的是，同样作为使用了黏合剂产品的结构构造材料，即人造材料的发展。从昭和20年代末到30年代初，全日本各地都在进行建筑拱形用的弯曲集成板材的制造，建造了超过1000栋的建筑物。之后，由于木材价格的高涨、钢筋结构的发达、法规上的限制等因素的叠加，这种建筑物的建设也被淘汰了。接着，从昭和40年代开始，人们开始制造在集成板材的核心贴上表面装饰单板的装饰贴集成板材，在木材价格高涨的影响下，该技术逐渐发展起来。这是因为，无节疤的制品价格因原料缺乏而大幅涨价，而此种制品的价格有了更高的折扣。虽然一开始也有失败，但随着技术逐渐稳定，反而因为其是干燥的材料，没有歪曲和裂缝，巩固了其作为新建筑材料的地位，生产量也逐渐增长，生产中心是以吉野和大阪为大后方的奈良县。昭和40年代建造的新宫殿，大幅度使用了集成材料构成的铭木构件，提高了黏合产品的可信度。昭和五十四年（1979年），集成板材的产量达到了约30万立方米，其中八成是使用装饰贴的，剩下的大部分都是用来制作楼梯、地板等。装饰贴中约半数是构造用的，但大部分都是柱子材料。即使不是集成板材，这种生产技术也被应用于地板周边材料、内部装饰材料等铭木产品，确立了其作为高级黏合剂产品的地位。此后，集成板材的生产量因不景气的影响而停滞，近几年来，再次明显出现了将包括集成板材本来的弯曲通直在内的大断面集成板材作为结构用进行再开发的动向，在约2000个集成板材工厂中，能够制造大断面构造用集成板材的工厂虽然只有10家左右，但在结构法的讨论的基础上，也有期待创新。另外，结构用集成板材料的黏接剂使用的是酚醛树脂，显著提高了耐久度。

虽然不是集成板材，但与其相近的新材料里有种LVL（层板·单板·厚心板等）材料。和合板制造一样，是用车床将剥出的单板排列在同一方向进行黏合的材料，虽然也类似合板工厂的副业，但是由于成本比较低，所以被认为有发展可能。现在只是用于建造和芯材，作为构造用能发展到什么程度则是今后的问题。将在制作集成材料薄板（层板）时使用的技术活用到单体上的“竖接木材”，也是今后的可用手段。

话说回来，为了避免木材扭曲变形，本来应该将其干燥后再使用，而在暖空调显著发达的现代，所谓的“干枯后使用”的天然干燥是不够的，无论如何都需要使用人工干燥。木材的人工干燥最早根据地板生产进行了调整，昭和二三十年代，随着家具木工关系固定下来以及集成板材的发展，木材干燥技术得到了强化。但是，建筑用针叶树材的人工干燥却很难适应新时代，伴随着昭和40年代的预制装配住宅，50年代的住宅零件化和预制切割等，这项技术才终于有了开始运转的感觉。昭和50年代到现在，除了家具木工以外，备有干燥室的企业数量约为6030家，干燥室数量约为1800间。

防腐防虫等木材保存的历史悠久，从明治开始到大正时期，加压注入防腐处理技术已经固定下来，但当时主要是为了制作电线杆和枕木等，开始用于建筑地基是在昭和40年代以后。因此，北美铁杉等易腐烂的树种也开始用来建筑地基。尽管如此，建筑中防腐处理地基的使用量仅占全部地基使用量的三成左右，很难涉及其他地方。

作为木质材料新开发出来的有削片板、纤维板等板类。作为建筑材料，可以认为前者是与厚合板的竞争产品，主要是芯材；后者是与薄合板的竞争产品，主要是表面材料。这两者经过各种各样的变迁发展起来，但在生产量、面积比上，前者大致是合板的6.5%，后者是7%左右。从其不怎么选择原材料，而是利用低质量材料和工厂残余材料的形式，便可预见需求量将增加，与木材和合板的生产量增加将并行发展的倾向不会改变。最近，生产了一种称为MDF（中等密度纤维板）、稍微接近削片板的纤维板，也就是说适合作为厚物使用的纤维板。其利用形式可能会向更新的方向发展。

结语

近年来，非木质建筑材料以赶超木材的状态迅速发展。地板材料是塑料地砖和软瓷砖，最近由于地毯的普及，木质地板持续低迷。在以石膏板和塑料类墙纸装饰墙壁的全盛时代里，顶棚上无机质的不可燃天花板很流行，木质系的材料在各个方面都被全面压制了。曾经在昭和40年代，用ABS树脂及其他合成树脂制作与木材相似的部件有过一段辉煌。无论制作出的低泡沫树脂与木材的构造如何相似，颜色姑且不论，木纹不可能像天然那样，强度无论如何也只有木材的三分之一左右，而且其中的原料粗汽油的价格上涨了，所以不怎么普及。曾经有一家企业用聚氨酯树脂做得跟北山裂纹圆木一模一样，作为壁龛柱出售，但是却完全没有生意。从常识上看，让地板周围使用完全的赝品这种行为多少有些脑子不正常。但是，虽说是铭木的大众化，但如果不便宜的话就卖不出去，所以贴上装饰的集成板材和装饰贴片等内部装饰材料，随意地使表面材料变薄，自行降低品质的做法，真是令人头疼。虽然铭木已经不必全部都是木质的了，但是最近经常有人叫嚣要回归真树木，难道是因为离树太远而造成的反作用吗？还是说与更本质的日本人的生活有关呢？也许茶室会告诉我们答案。

明治中期的秋田杉

此处介绍的是，画在挂轴上的秋田杉从材料调查到砍伐，然后搬出，最后制成木材的情景。虽然从雪国搬出去的情景很有意思，但总体来说和各地运输的方法有很多共同点。画家是寺崎广业，庆应二年（1866年）出生于秋田，明治二十一年（1888年）来到东京。他学习了写生画、南画，画了报纸的插图等，历尽艰辛终于成为画家。明治三十一年（1898年），与冈仓觉三（天心）、桥本雅邦等人一起参与了日本美术院的创立。后年成为东京美术学校教授、帝室技艺员，大正八年（1919年）去世。这幅画描绘的大概是明治30年代中期。

立木检尺　小林区署（现在的营林署）的森林主管正在进行官山（国有林）的杉立木的材积调查。用圆尺测量直径，左边是为了让工人盖上根部刻印而剥下的树皮。当时的山官也有警察权，显示其威势的腰间佩刀显得格外突出。

入山　秋田杉的砍伐，在变成政府直接经营之前都是承包进行的。承包商决定了称之为小屋头的负责人后，以30人为单位入山了。入山选择吉日，用稻草编织的背篓里装着工具、粮食、衣服等。以前，入山的时候也有不能回头看的严格规矩。

建造厨房　到了现场，选择了附近有水源的平地，开始着手建造厨房。这种厨房是将附近的木材砍伐后作为材料，入口有时会挂上草席，连一个窗户都没有的简陋的屋子。随着工作规模的增加，这样的厨房也建了好几个。

厨房小舍内部　(1) 以前，据说女人一进山就有“山神”作祟，做饭（厨师）也是男人的工作。

厨房小舍内部　(2) 厨房内部正中间兼有通道和地炉，一天也没有灭火。图片讲述了为早上开始的工作做准备，睡在草席被褥里的人们。以及条件虽然粗糙简陋但是纪律严格，整顿周到的小舍内部的情况。

伐倒　伐倒树木的工序。右端是刻下切口，登上高高的脚手架，拉着锯子。左边是打上楔子（木槌），砍倒的瞬间。脚手架高度将近2米，这是因为当时主要是以取直纹的木材为主，所以不喜欢根部木材。

剥下杉木的皮　杉木的皮作为修葺屋顶的材料和住宅的外包装材料，在市场上有很大的需求量。在一定的长度用棍子弄出切口，用凿子进行剥皮。剥去杉木的皮，在防止材料虫害、加快干燥的同时，在改善材料的颜色等诸多方面也有好处。

分成木片　木片作为修葺屋顶的材料，传到了甚至是关西、九州这样远的地方。这是锁定→切成薄片→宽度对齐→捆扎的工序。捆扎是以1坪为单位。工作人员的服装是用容易吸收汗的黑木棉制作的“围裙”。从事这项工作的人也被称为“杰割”。

分成长木片　长木片除了做圆盒子和遮阳棚等，还成为修葺小羽屋顶时最先使用的材料。左前方的两个人，处理的宽度和长度都很整齐，右前方是用来干燥的地方。

木片运输　人们背着在山上切割好的木片。虽然不那么重，但是因为搬运次数太多的话花费也会多，所以每次搬运的量很多。因为要上下陡峭的山路，又要过桥，所以非常劳累。人们在清流的旁边稍微落脚，一边休息一边消除疲劳。

切成寸甫　过去的木材的标准长度为7尺（2.1m）和14尺（4.2m）。这里取的是把14尺的长材分成6～7个橘子形状的“寸甫”。主要是送到关西和北海道，加工成直木花纹的板材。根据其体型大小不同，名称也有大本木、本木、二半木、四半木的区分。前面的是在测量尺寸，中间是在用棒子挖开裂缝，里面的则是用楔子将裂缝打开。

制作劈枋　从伐倒了的树木上剥下树皮后，在规定长度的地方划上墨，制成劈枋。运输方便，可以在买卖的时候向对方展示其内部。前面这两个人在用斧头削成角材。

寸甫、劈枋的验收　在深山里制作的寸甫和劈枋，由承包商的账房重新验收，等着出材而堆积起来。运材是在陡峭的山路上进行的重体力劳动，所以很多时候会在没有脏污的、顺滑的雪道上搬运。这些寸甫和劈枋也有可能会在山间度过一个冬天。

制作雪道（栈道）　为了用雪橇在雪地上搬运，人们修建了栈道。平整积雪，踩结实，在小河上架起桥，放上柴火。用木制的雪铲将雪集中，或是弄碎。这是在严寒的日子里进行的工作，为了防寒人们穿着蓑衣，脚上穿着套靴。

雪橇运输　在白雪皑皑的山路上搬运木材时，使用了雪橇。在雪橇上堆圆木和劈枋的时候，将木材前端放在雪橇上，用绳子绑住，后半截放在雪地上就可以了。在陡峭的坡道上速度增加的话，把放在绳子里的圆绳圈从雪橇前端的孔穿进去，就可以使雪橇速度降下来。这是山上作业中危险度最高的，是强壮的操作手的任务。

多层雪橇运输　（1）平坦的雪路上是用多层雪橇搬运的。在雪橇上绑上要运送的圆木、寸甫、劈枋等，将这些进行堆积整合。也有人为了防滑将草鞋系在上面。在这里从事装载工作的人被称为“凯帕”。

多层雪橇运输　（2）图上，在多层雪橇上堆上寸甫，在坡道上用后背推多层雪橇使其滑下来。在仅靠人的力量无法支撑的坡道上，铺上了用稻草编织的“软垫”。下面的人运送着劈枋，不过，打进一个杆子，就可以调整雪橇的运动和方向。

多层雪橇运输　（3）在陡峭的上坡上有一个“纤夫”的搭档。多层雪橇运输距离长3千米～5千米，为了能拉到这么长的距离，需要被称为“纤夫”和“制动”的人们的协助。

打包　从山上用雪橇、多层雪橇运来的寸甫和角材送到了河岸的贮木场打包码起来。角材要从中间缠绕捆绑，寸甫一般是堆积在一起的。在这种情况下，为了不损害材料的价值，打入杆子的地方要注意。

放排　(1) 在无法使用雪橇运材的林地深处或运输有困难的地段，在搬运角材时采用了“放排”的方法。在山谷狭窄的地方设置临时的水坝，利用放水时的能量一下子将材料流走。主要在早春雪融水多的时期进行。

放排　(2) 在堤坝的上游蓄水的话，解开堤坝的绳子，水以惊人的气势流淌，将寸甫和角材送到下游。因为放排在同一个地方进行了多次，所以为了不让堰板流失，也采取了结网截流的办法。

放排　(3) 在进行放排的下游，有作业人员会将被中途冲上岸，或挂到岩石上的材料再次拉进河里。他们手上的杆子非常长。

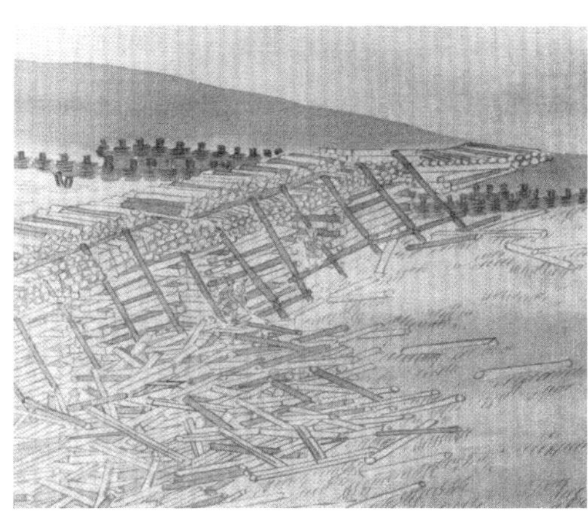

栅栏场　将放排运送的材料在下游拦截的就是这个栅栏场。虽然栅栏场的形式有很多种，但这叫作“边框栅栏”，是栅栏中最为坚固的。

组合筏　在栅栏场附近堆积的寸甫和角材被排在木筏上再流到下游。在此处组合要用的木筏。里面的3个人为了使细的手绳更加强劲，用3根绳子绑着做成了一组粗绳。

筏流　(1) 从组合木筏的地方到下游300米的连接场为止，把筏流放下去就叫作“放回筏”。第二天早上，筏手们将漂流的木筏用他们巧妙的撑船技术运往河流中央，顺流而下。在米代川，从尼井町仁鲋的系留场到河口能代市约30千米距离要花费8～9小时的时间来流放。

筏流　(2) 有河流的时候，木筏也是靠自己的力量流动的，所以只要防止筏子撞到岸边和岩石就好了，但是因为渐渐接近河口的话，水流也会慢慢变缓，所以在木筏前后会遇到被叫作“青里”的拉扯力。到了这里，从筏流手的口中会唱起叫作《筏音头》的歌。一般来说，一个木筏上坐着两个人，后面是拥有主导权的船头，前面是助手。

在河口捆扎起来　(1) 流经米代川的木筏经过近半天后，到达河口的卸货场后被解体。重新计算寸甫、劈枋的数量，在商谈成立后到出货为止的期间，为使其干燥，通常将其捆扎起来立在土场里。

在河口捆扎起来　(2) 直到后来自动上卷机（倾斜式输送机）登场，都是由卸货人来进行人力卸货。

装载用木筏的组装　运输船批发店在明治时代之前的木材流通中发挥了很大作用，他们也决定了木材的买卖。确定了运输目的地和数量后，为了运送到停泊在港内的船上组装了简单的木筏。

和式帆船的装货　到明治30年代为止，主要都是使用和式帆船来通过海运进行的木材运输。在很早就开通的日本海航线上，能装载的木材也被运到了小樽、函馆、酒田、新潟、福井、金泽、九州、关西地区。在这些地区的一部分地方，直到现在秋田杉也被称为“能代杉”，是海运时代遗留下来的叫法。

从人力到马车　明治30年代，秋田木材在能代开始由机械进行木材制作，输出品由寸甫、劈枋转变为“机械锯板”。不久之后铁路也开通了，运输工具从船变成了火车。过去给港口增添了活力的调停人，也多变成了驾马车的。

铁路运输的开始　(1) 奥羽北线（能代—青森—福岛—东京）开通后，木材的铁路运输正式开始。在被称为“东洋第一的木材厂”的秋田木材厂（有限公司）中，线路被引入工厂内，在专用站台上不分昼夜地进行装载。

铁路运输的开始　(2) 无盖货车上装载的是秋田的改良机械锯板，作为“秋四分板”在关东的市场占有率一下子扩大了。

飞机带锯　机械材料和铁路运输正式开始后，秋田杉薄板的名声在东京不断高涨。当时的制材机械以“垂直锯”为主流，而图上则是锯齿横穿的带锯，也被称为飞机带锯。从前面把放在桌子上的材料送过去，把皮板制成了木材。据说是德国制造的。

新旧交替　铁路运输的正式化使人力的工作范围逐渐缩小，但向北海道、关西、九州方向的运输仍依靠船。在过去靠人力装载货物的同时，手推车也出现了，图中描绘了木材运输方式的新旧交替的过渡过程。

蒸汽船停靠港　据《能代小林区署沿革史》的船舶统计指出，明治中期，有日本的汽船停靠在能代港，但是没有装载木材的记录。即使有港口，也因为有流沙而无法进入港口较浅的能代港，只能停泊在海上。图中是装载着机械锯制的杉板的景象。

天花板的制造工序（一）粘贴天花板

1　用自动送材车附带的盘制成的大块木材。从树龄250年左右的天然秋田杉那里取出木纹盘。木材长度4米。

2　用切割大块的制材机制作单板。厚度是2.5分。

3　纵向分成两部分的材料用带锯的小盘来制材。

4　从取掉直木纹材料后剩下的原木上取材。

5　避开节疤进行取材和加工。

6　优质原木很少，注意不要浪费。

7　木材的放置场所。在它的对面可以看到贴片（贴有天花板材料）用的大切片机的全景。

8　取0.2毫米厚的薄板。

9　贴片可以把这块薄板贴在胶合板上。

天花板的制造工序（二）铭木天花板

1　将木材（廓、竿边、门楣用材）在室外进行天然干燥。夏天进行两三个月，冬天进行四五个月。

2　天然材料的木顶棚怕晒裂而进行阴干。

3　决定长度和宽度的工序。照片中是取了长6.45尺的木材。

5　高级品还要进行打磨加工。是需要耐性的工作。

8　完成打磨时使用的用具类。

4　机械的粗磨和出孔加工。

6　沿着夏天和冬天的纹路用棍打磨出来。

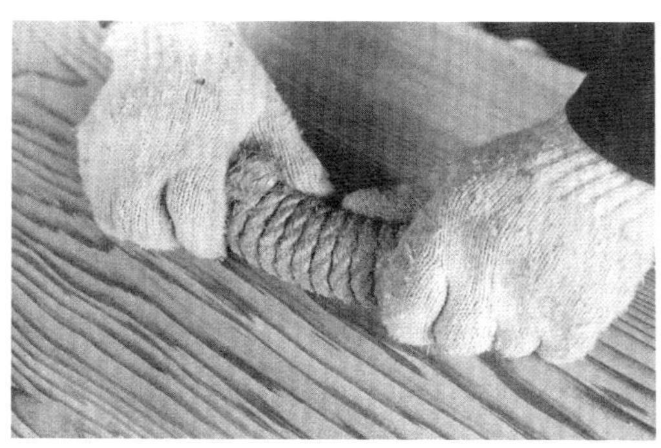

7　使用绳子用力擦拭，完成。

9　完成的天花板。纹路清晰，颜色鲜艳。

野根板的制造工序

1　野根板的材料使用树龄250～300年的黑部杉或花柏。照片中是黑部杉。

2　避开节疤打入楔子。

3　取宽5寸得木材。长度3.25尺。

4　切成9分的厚度。

5　使用独特的刀具调整外形。

6　首先把9分厚的木板分成两半。

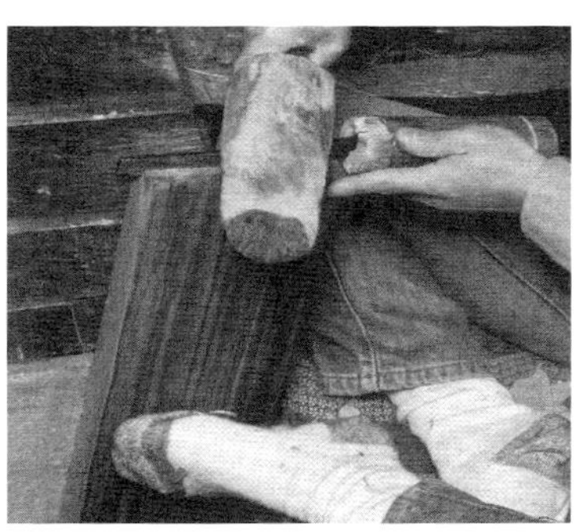

7　用锤子敲击刀口，将其打入破开的口子里。

8　把板左右推开，分成两块。

9　用脚支撑板，向上拉。

10　板越薄越难削。

11　合计15次，9分的板子削成16片。

贴上装饰贴的集成板材

集成板材可作建造用、组装用，无论哪种使用方式，都有以使其外观美丽为目的的装饰贴的存在。此处试着列举了建造用中的廓、横梁、门楣、门槛。集成板材的优点是保持天然木本来的美丽，弥补了缺点（不容易开裂、不扭曲变形、没有节疤等），有稳定的强度，有跟使用目的相应的形状，并且还廉价，也能节约宝贵的资源。被用作芯材的多为西部红柏、虾夷松等。

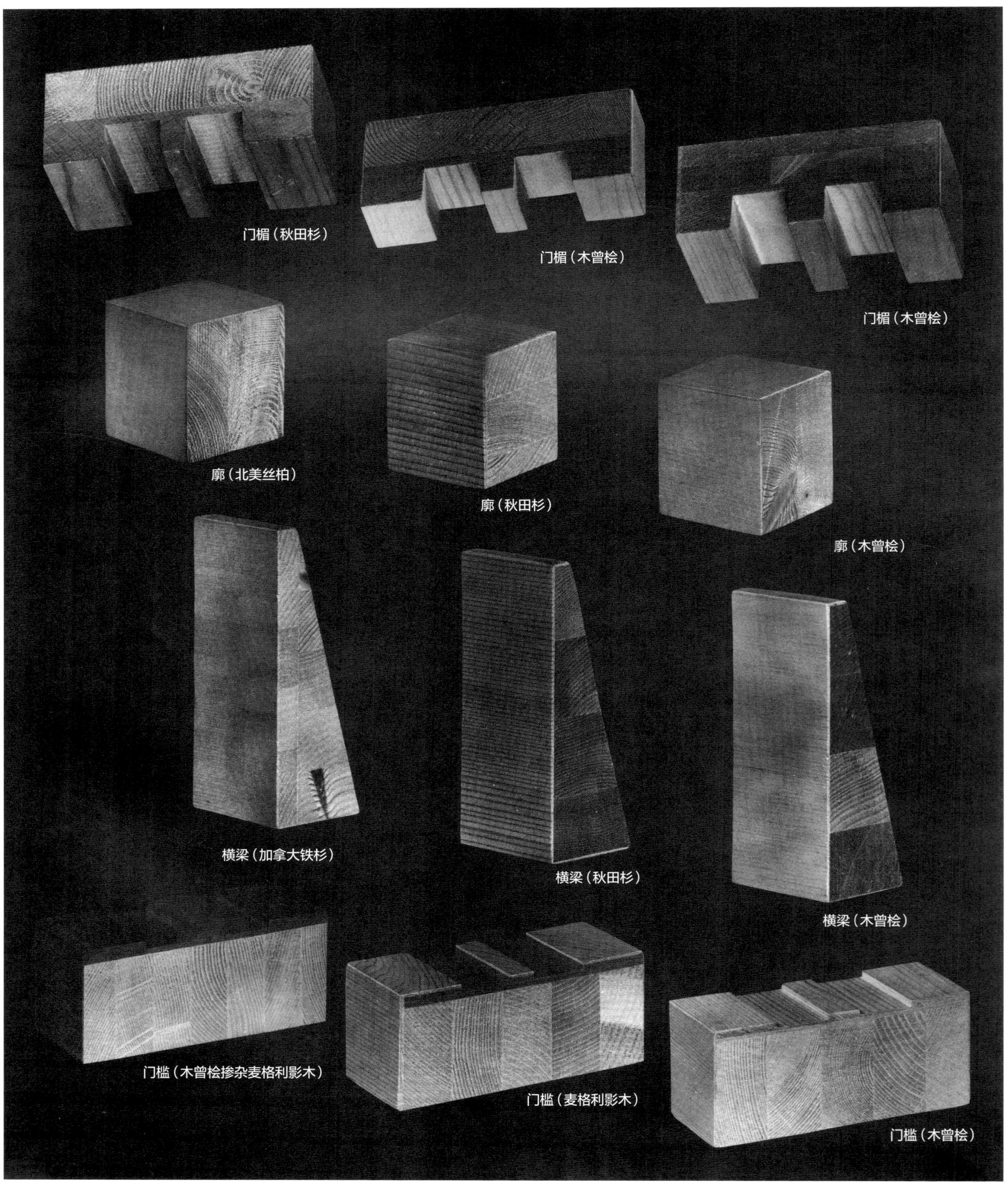

铭木的种类和特色

且原纯夫

铭木是什么

“铭木”这个词和概念，大约是明治时代末期创造出来的。

明治四十五年（1912年），农商务省山林局编、日本山林协会发行的《木材工艺的利用》中，卷末的《附录》登载了“唐木及铭木”，但在仅一两页的记述几乎都是关于唐木的。

唐木现在一般被视为铭木，但在当时还被分为唐木和铭木两类。铭木是在这样的历史概念下成立的，它是从书院构造、茶室、数寄屋及其派生出来的数寄屋风书院和煎茶数寄屋的建筑材料，明治维新以后，大正、昭和时代以在一般住宅中设置有壁龛的客厅，以及设置有游乐设施的日式酒家和日式旅馆为开端，铭木店开始专职铭木销售。

铭木有种特殊的、模棱两可的感觉，尽管在木材的基本性质上是相同的，但因为它是从注重审美、注重外观设计性的认识中产生的，所以也是没有办法的事。

昭和二十三年（1948年），铭木从木材控制价格中被排除了，铭木的识别基准重新定义为“在特殊的抚育经营状态下培育出的老年树；或是独立的树木，与一般树木的品位相异，稀有木、老树、变木、社寺木、由绪木、古损木、珍木等；在木质方面具有优雅特质的美丽的木纹（笹纹、鹌鹑纹、中木纹、蟹纹、如轮纹、缩纹、葡萄纹等）、直木纹（木材工业的例子、线直纹、粗直纹）等；具有雅趣的建筑用材、美术工艺品用材的取材材料，以及其制造品”。而在细节方面，天花板、落挂、地板柱、护脚木、宽板、侧板、栏间板、云板、地板、棚板、特殊锯立板、角、盘、板、割材、素材、磨圆木、付圆木、加工品等都分别以铭木的基准进行了规定。

正如明治以来对铭木的定义所示，铭木是指日本国产木材的木纹、色调、光泽、形状美观的木材。

但是，近年来，可以成为铭木的老树急速消失，随着空调设备的普及以及居住环境的变化，木材的工业产品化不断发展，铭木的概念也大幅扩大。

现在，财团法人·日本住宅·木材技术中心的铭木标本馆中对铭木的定义如下：“一般是指以下任意一种东西。(1) 材料方面的鉴赏价值极高的（例：木板、线夹板）(2) 材料的形状非常大（例：大直径圆木、长尺寸板）(3) 材料形状极为罕见（例：樱花木）(4) 材质特别优秀（例：木曽丝柏）(5) 种类繁多的高龄树（例：紫杉）(6) 很难入手的天然树（例：天然落叶松）(7) 罕见的树种例（例：檀木）(8) 有来历的树（例：春日局榉树）(9) 其他极为昂贵的树。”

此项关于铭木的定义，只重视树木本身的稀有价值，并没有概括叙述现在作为铭木使用的代替材料，以及北山杉、吉野杉等的磨圆木、绞圆木、贴片等加工铭木类会变成什么样。虽然这么说，但是如果按照铭木本来的意思，可以说是比较妥当的定义。

如上所述，铭木的定义是以时代的变迁为背景而成立的。例如，在天花板上的材料，即使是吉野杉中被认为是最新最高级的木纹，也有可能比春日杉笹木纹的评价低。

近年来，顶棚几乎都是在俗称“贴片”的芯材上贴上石板的，由于过分重视木板的花纹，所以用车床剥制的普通板材是无论如何也做不出那样华丽的图案的，这也意味着无法一下子给予评价。但是，既然被称为铭木，如果没有经过岁月流逝渗透出木味的风格的话，也只是一般的建筑材料，所以即使是贴片，也不能用5张1分厚的薄板，至少用6～8张1分厚的厚板贴上。贴横梁等也一样。而且，对于不太了解铭木的人，一点点的差别实际上可以让人很吃惊，这通常体现在价格上。但是，并不是使用了昂贵的材料，建筑就会高级

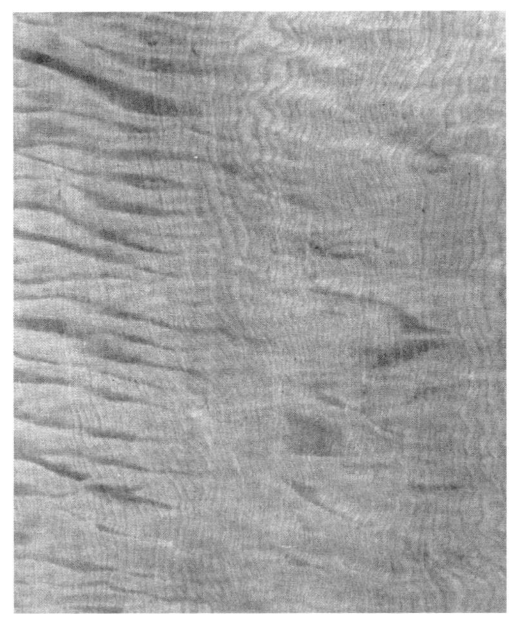

木纹的各种各样的缩纹（枥木）

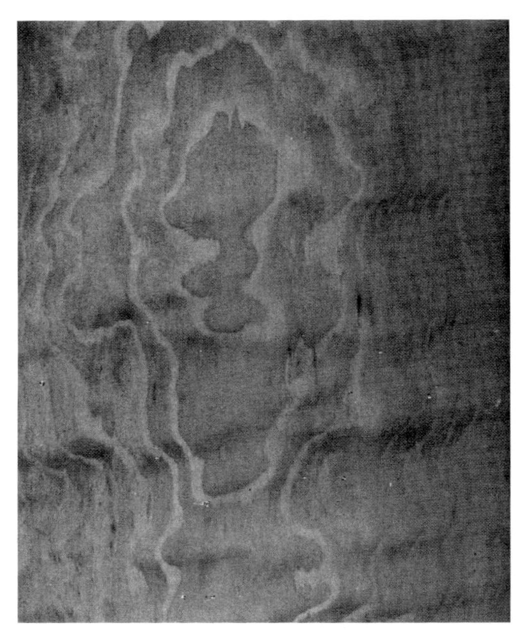
木纹的各种各样的蟹纹（铁杉）

木纹的各种各样的素纹（榉木）

起来。从建筑材料的角度来评价，比起作为铭木的稀有价值，更应该问木材是如何利用的。明治、大正、昭和前期的高级木结构住宅，也有很多只是把价格昂贵的铭木作为噱头来装饰的例子，这是需要注意的。

到目前为止，铭木中评价特别高的榉木的玉木纹，只能从年龄悠久的大直径的老树那里取得，就像榆之玉木纹也被取代了一样，随着资源的减少，价值越来越高，很多替代木材也被当作铭木来使用。例如，以前说到北山杉绞圆木，指的就是天然的东西，而现在说到绞圆木，就会想到人造绞圆木。铭木也是如此，现在人造铭木占据了主要地位。

批量生产的小直径人造绞圆木，即使是廉价的普及品，也并不是没有作为铭木的价值。选择树种，根据插穗育苗和多次拔枝的抚育技术，用15～20年的时间进行培育，到采伐时期进行绞卷加工，经过秋天到冬天的采伐期，考虑其生长度和日照度，一个一个地进行确认、砍伐、剥下树皮仔细打磨，完全是为了做出色调、光泽、自然的造型，使其展示出只有铭木才能展示出的微妙的生动感觉。话虽如此，近年来的人造绞圆木中，也有很多符合当今大众化社会的华丽绞形图案。为了在数寄屋建筑中受到推崇，而损害了圆木本来的自然感的东西，是不可取的。

不过，如今的圆直、完满、无节疤、粗细相同的绞圆木，有着为了提高作为材料的商品价值而被创造出来的一面。看看古典的数寄屋、数寄屋风书院等就知道了，以前的杉木类把肚脐（节疤凹陷在材面上残留的痕迹）、扭曲和节作为风情来对待，认为在该处发现了自然的味道，而现在，肚脐和扭曲的材料被认为是很大的缺点，使其价格也变得非常便宜，所以我们希望能够把利用这些素材作为创意的建筑技术重建起来。

榉木是很符合日本人口味的优秀树木，但是色调很好、年轮木纹长得很漂亮的榉木材却很少，所以色调和材质虽然相对不够好但木纹长得很像的栓木作为替代品得到了人们的认可。栓木的强度和耐久性稍差，但也可以作为装饰材料使用。虽说榉木是比白色的栓木色调更好，但也会在很长一段时间内变成暗褐色，初期的色调是根据涂漆技术而形成的，这也可以说是需要通过磨砺来保持的、利用树木传统的智慧。

从明治30年代到大正、昭和时代，在普及铭木上有着巨大的功绩，甚至被称为“铭木之神”的筱田武助先生，当被问到铭木相关的事时，他告诉我们说“只可意会”，意思是只能通过多看积累经验，铭木的微妙感觉是无法解释清楚的。

这句话不仅是跟铭木有关，也是人们了解树木的基础。近年来，有建筑师和木工等人看了铭木商品目录，说要订购与之完全相同的商品，让铭木店为之感叹。即使是木有相似，也不可能是完全一样的东西。

铭木材料的特点

铭木的用途，在建筑中以装饰材料为中心，所以对强度和耐久性等结构材料所要求的性质不怎么重视。因此，这里主要只记录色调、木纹、光泽等。

带皮的圆木类，从树木本身的形状来看，是容易剥离树皮

各种样式的木纹　葡萄纹（楠）

各种样式的木纹　玉李（榉木）

各种样式的木纹　鳞纹（榉木）

榉木　剥下树皮能看见木质的纹理，圆圆的凸起会变成玉木纹。

的，所以采伐时期和干燥是绝对的条件。近年来，也有避免库存负担的想法，多流通干燥不足的木材，导致圆木表面产生裂缝和霉菌的赔偿案例。虽然也使用了人工干燥，但是如果无视产地的温湿度条件，直接用在有暖气的新建房屋里的话，木料就会收缩。

不管怎么说，在使用铭木的时候，在有信用的销售店，看看实物，用同样的材料进行比较，仔细确认是很重要的。

日本产针叶树

杉木　芯材的色调从淡红色到暗红色，范围很广，含有大量铁的褐色，不适刨削，但也有说法是其强度良好。木质纹理稍粗，是比较轻的软材，加工性好，表面完成度中等。作为柱子、地板柱、落挂、护脚木、横梁、天花板、竿缘、椽子、造材等，用途非常广泛。

神代杉　所谓神代杉，是埋在土中数百年以上的东西，色调偏黑的东西被称为黑神代，茶色的东西被称为茶神代。由于其珍重古雅的色调，被用于天花板、落挂等。从伊豆地区出土的神代杉得到了很高的评价，但是近年来数量已经很少了。

春日杉　是奈良县春日神社境内的春日山的数百年生的栽植树。因为是受到法律保护规定的树木，所以只能使用被风吹倒的树木和枯木。芯材是略带桃色的美丽红色，年轮细致，木纹清晰，作为最高级品被用于天花板和落挂等，受到很高的评价。直纹也很美。树脂成分相当多，有光泽。

吉野杉　是奈良县吉野地区自古以来种植的民有林材，与其他杉类不同，今后的供应可能性也很大。芯材是淡红色，发白的更好。尤其是中木纹，从上到下笔直地贯通，左右直纹整齐地通过。纯朴生长的圆形材料能从椭圆形的短径部分取得。以前在关西地区受到好评，现在在关东地区也很受欢迎。中央长出一根以上的木纹的称为中板目，价值比中纹低。吉野杉含有适当的树脂成分，因为不容易沾到手上的污垢，所以作为集成材料也很受欢迎。

萨摩杉　也被称为屋久杉。这是鹿儿岛县屋久岛的天然

各种样式的木纹　葡萄纹（楠）

各种样式的木纹　玉李（榉木）

杉树。因为是多雨陡峭的岩盘地带生长的老树，所以年轮非常细致，树脂含量多，耐久性也很好，芯材从黄茶色到红茶色，被称为“鹑纹”的充满力量感的独特的木纹，在制作天花板、落挂等方面受到很高的评价。只是，腐烂的部分合在一起，经过长时间会变黑。近年来，由于资源保护的要求，砍伐受到限制，只能从被吹倒的树木和枯木中得到。有腐烂和斑点显著等明显的缺点，但是利用腐烂的部分制成的栏杆也因其风雅而受到喜爱。

秋田杉　是从秋田县米代川流域出产的木材。芯材的色调从淡黄色到淡红色，木纹也多种多样，和春日杉和雾岛杉相似。比起关东地区，在关西、九州地区更受欢迎。整体颜色经过长年变化而变红，作为柱子和建造材料得到了高度评价。

土佐杉　也被称为鱼梁濑杉，是产于高知县鱼梁濑地方的木材。芯材是带褐色的红色，有叶节的出现，周围稍微有没对齐之处。树脂成分相当多，作为材质在杉树中有点硬，据说弯曲和偏差很大，作为天花板材料得到了高度的评价。

雾岛杉　九州的雾岛地方产的杉木，无论是作为天花板还是地板柱，都得到了高度的评价。芯材是带黄褐色的红褐色，木纹白皙、细致，是给人以优美印象的稀有木材。

狭野杉　是雾岛系产的杉树中评价最高的，现在只有十几株，极为珍贵。

市房杉　雾岛系的杉木。这是数百年前在市房山的市房神社参拜道上栽植的，只有数十株。春生纹白皙，秋生纹淡红色，成熟华美的木纹受到很高的评价。只要没有被风吹倒的树木和枯木，就不上市。

御山杉　伊势神宫内林的杉。芯材是黄红色，木纹纤细、优美而典雅，作为天花板材料受到了高度评价。可能会出现被风吹倒的树木和枯木，是稀有木材。

日光杉　日光东照宫、神社以及街道两旁的杉树。色调与春日杉相似，木纹纤细，有光泽，只有秋生纹比较坚硬。只能用被风吹倒的树木和枯木。

北山杉　作为磨圆木、绞圆木、椽子等圆木而闻名。另外，作为铭木的杉材，宇治田原杉、若樱杉、智头杉、日田杉等也被列举出来，具有地方性，产量也极为有限。杉树的大直径老树在全日本范围内为数不多，所以各地的社寺木等大直径木材因为某种原因被砍伐的话，可以得到不亚于特定品种的东西。天花板材料中被称为源平杉的木板，是一种红底和白粗纹混合在一起的木板，绝妙的搭配令人欣喜。

松树　分为内陆产的赤松和海岸地带产的黑松两种，是混有赤松和黑松的松属。作为材质，赤松和黑松几乎没有不同。芯材是带有红色和黄色带一点浅褐色。木质肌理粗糙。因为树脂含量多，所以常常产生脂肪罐。分布在青森县以南的地区，和杉树、桧木同样作为第三植被而闻名，但是和杉树、桧木一样，根据生长条件不同，材质也不同。因为是稍重且强度强的材料，纤维细胞的倾斜度很大，所以需要注意材料的扭曲度。作为铭木，赤松被用作建造材料，但是带皮磨圆木因为带有茶褐色光泽的树皮的自然感，所以在茶室、数寄屋构造的地板柱、中柱、护脚木等地方也经常被使用到。也被称为脂肪松或肥松，树脂含量多，充满了力量感的木板主要是从黑松的大直径木材中取得，是与日本人的感性相符合的东西。赤松以仙

秋田能代营林署的贮木场　漂亮的天然杉等待着招标。

秋田天然杉的原木

台松（南部松、白旗松）、津岛松、宇陀松、滑松芹川松、日向松（雾岛松）等特定品种而闻名，并用作建造材料，黑松以水户松、道了松、沼津松、三河松、山阴松、穆佐松、茂道松等特定品种而闻名。无论哪一种，现在要么已消失，要么有极其有限的采伐条件，很难得到铭木级别的材料。

唐松　一般也叫落叶松。在自生地，还有富士松、日光松的名字。因为芯材是褐色的，木质肌理比较凌乱。材质稍重稍硬，切削加工有点困难，表面加工是中庸的办法。树脂成分也很多。厚重的色调和木纹很美，被用作地板柱、护脚木等。天然唐松被称为天鹅绒，但是现在天然的已经非常少了。在关东地区的铭木业界，也被称为赤松。现在的人造唐松树林，弯弯曲曲，偏差极大，用途有限。

日本铁杉

松树科的树木，写成铁杉，也被称为刺柏。产于福岛县以南，主要产于四国、九州。边材、芯材的区别不明显，芯材是浅褐色。秋纹清明，春纹发白。边皮粗糙，略重，材质坚硬，切削加工虽然不太容易，但有光泽，完成的样子很亮眼。延展性稍大。年轮的直木纹很美，在关西地区受到的评价比桧木还要高。据说在关东地区，因其材质坚硬而被讨厌。在山沟里生长的铁杉含有大量的丹宁酸成分，经长时间后会变黑。可制作地板柱、柱子、地板周围、横梁、门楣、门槛、天花板等，用途很广，特别是四方直木的柱子受到的评价很高。

桧木　从古代开始就专门用于宫殿和神社寺庙的建筑，另外，正式的书院建筑固定会用桧木的棱柱。作为高级建筑材料而广为人知，和杉树、松树并列，也是福岛县以南的二次植被林材。虽然生长比杉树慢，但是和杉树、松树一样，天然材料和造林材料的材质是非常不同的。根据芯材的色调，分为从淡黄色到桃色的红皮和红色很浓郁的樱红皮。春纹和秋纹之间的差距小，给人以柔和的印象，容易进行切削加工。弯曲少，表面加工出来美观有光泽，耐久度极高，是世界级的优秀材料。作为建筑材料的用途很广泛。

普遍认为被称为高级建筑的总桧造，作为住宅来说太过闪耀，反而给人一种无味的感觉，不能用于茶室和数寄屋建筑。但是，树皮发霉，加工成带有黑褐色斑纹的锈斑圆木，被评价为有雅趣的圆木类。

木曾桧　原产于长野县木曾谷一带，又称尾州桧木，是红皮中的代表，从中世纪开始就广为人知。藩政时代人们致力于其保护和育成，作为木曾五木之一被赋予了严格的采伐条件。明治以后，作为御料林继承下来，后成为日本国有林。现在作为宫殿和伊势神宫等特殊用途的建筑材料，有特别保护的大直径木材的林存在。芯材是带着美丽黄色的桃色，香气浓郁，作为日本最高级的材料非常有名。生长在干燥的山脊上，枝条细长，因此枝节也不大，直到成为老龄树为止生长不衰，能收获一大片大直径木材。大直径的木材基本都被砍伐下来，是极其珍贵的材料。木曾桧是指树龄超过150年的桧木。

吉野桧　是奈良县吉野地方的桧木，随着木曾桧的减少

梅的砍伐作业1

梅的砍伐作业2

而受到好评。因为是在造林历史悠久的杉林工业地植树造林的，以前没有得到很高的评价。由于没有进行过修剪，所以树梢很短。代表色是富含树脂成分的樱红，色调和木纹统一，受到了很高的评价。

尾鹫桧　产自和歌山县尾鹫地的杉林业地，因当地土壤贫瘠，就种植了这种耐寒的桧木。生长缓慢，年轮细致，富含树脂成分，有光泽，也被称为油桧。因四面无节疤的柱材闻名。

土佐桧　指的是高知县产的桧木。原本因鱼梁濑桧、白发桧、大正桧而闻名。与木曾桧相比，红色浓郁、树脂成分较高，材质稍硬。据说鱼梁濑桧与木曾桧相似，但也会出现称为“飞白”的黑色条纹这个缺点。白发桧与鱼梁濑桧相似。大正桧的红色很浓郁，年轮也有点粗，但是因为树脂含量多，所以光泽很好。不管哪种，铭木级的大直径木材都很少。

丝柏　从北海道南部到栃木县出产，特别是津轻半岛和下北半岛保留着纯林。是丝柏科的树木，作为带芳香和抗水湿的材料而闻名，作为具有地域性的一般建筑材料受到重用。由于材质比桧木的锈圆木坚硬且多节，近年来人们常避免使用。比起扁柏的圆木，其锈迹更为浓厚，表面经过磨砺后呈现出的微妙古雅感而得到了很高的评价。

花柏　桧木科的树木，在岩手县南部出产，四国没有，主要是在中部山岳地带的木曾、飞弹地区。芯材是带有暗黄色的褐色，秋纹狭窄。木质的纹理可以说很细腻，但比丝柏粗糙，没有香气和光泽。由于其割裂性好、耐水湿，所以被用于神社寺院建筑等的柿板上，获得了“优雅”的评价。

黑部杉　是属于桧木科的黑部杉属的树木，产于本州和四国，作为富山县黑部地区产的树木为人所知，材质与杉木相似而被称为黑部杉。芯材从灰褐色到黄褐色，稍带黑色，也被认为是茶神代杉的替代品。材质轻软，木质纹理细腻，容易切削加工，雅致的色调和木纹受到好评，被用作天花板、横梁、迎客处和竹席、栏杆、腰板材料等装饰材料。

圆柏　是桧木科的树木。边材是淡黄色褐色，芯材是暗红色褐色。稍重的硬质材料，树皮细腻，易于切削加工。有着特有的芳香，被称为白檀，作为香料广为人知。因为芯材的深色和边材的淡色以及枝条多，所以对其节进行洗出加工，被用于地板柱。

紫杉　也被称作水松、栎。分布在全日本各地，主要产地是北海道。边材、芯材的区别很明显。边材是白色。虽然芯材是漂亮的红褐色，但是经过长年日久变化后会变黑。木纹细腻有光泽，配合色调给人以优美的印象。虽然有点硬，但是很容易加工。天然的高龄树多有大的节，易弯曲、松动和腐烂。表面完成度很好，作为地板柱，可以利用边材的白色和芯材的红色对比使用。也用作护脚木、落挂、地板、棚板等。

高野槙　因出产于和歌山县高野山一带而得名高野槙。芯材呈淡褐色带黄色，肌理致密，材质略轻软。耐水性与耐湿性很高。由于高野槙树枝稍粗、呈轮生，且树干粗大（树干由下部到上部，粗度逐渐变细），因此这种保留有枝迹的节子常被用于门柱以及壁龛柱等。日语中将这种木材称为“出节丸太”。尤其是具有很多节子且变化丰富的木材，极具有观赏趣味，受到众人的喜爱。

铁杉的伐倒工作 要砍倒一人抱的大树也用不到几分钟。

铁杉的伐倒工作 发出吱吱的声音，开始倒塌。

椌 指杜松。产于岩手县以南地区。因其耐水性及耐湿性极强，因此常被用来晾晒稻穗，又因其风蚀木材极为雅致，常被用来做壁龛柱以及中柱等。

日本产阔叶树

榉 榉产于除北海道以外的全日本，作为日本阔叶树的代表而出名。榆科环孔材。沿着春材的年轮而形成的粗导管在平纹木材面形成清晰的木纹。古时又被称作槻木。由于这种树寿命长，大多为大树、老树，全日本的神社、寺庙建筑材，城郭建筑和民宅的主柱，还有书院造的壁龛地板和棚板等壁龛结构木材通常都使用榉木来进行固定。芯材颜色从黄棕色到红褐色。因为其直平纹木材面和木纹非常清晰，因此年头久的榉树纹理常常很复杂且具有装饰性，例如鱼鳞纹（车轮纹）、同心圆纹、鹑纹、牡丹纹等，都深受好评。虽然其材质稍重且属硬材，但在切削加工方面并不困难，只是木纹板容易产生逆向木纹，因此也谈不上容易。因为大直径且年轮宽度窄的木材不易发生翘曲，所以得到了人们的重用。虽然其肌理粗糙，但表面经过抛光后富有光泽。木材加工厂将其划分为年轮致密的山榉以及因生长良好而缺乏纹理韵味的里榉。近些年来，年轮致密的大直径木材越来越少。虽然从植物学上来看榉木和槻木被认为是相同的，但是作为木材来说，它们是有区别的。从色调以及材质的硬度来看，一般认为木材颜色及材质优良的木材是榉木。材质因生长条件而有所不同，而生长良好且年轮宽度宽的木材由于鲜少呈红色且材质坚硬，因此加工起来较为困难，且容易变形，这种木材我们一般认为是槻木。在名贵木材中，木材颜色呈蓝色而被称为青榉，品质优异的称作本榉。说到用途，从传统意义上来看，榉木常被用于壁龛柱、壁龛地板、壁龛框、落挂、棚板、地板框、壁龛板、内部装饰材料等。

栓 指刺楸。五加科刺楸属树木，分布于全日本，以北海道居多。芯材颜色呈灰褐色。环孔材，平纹木材面年轮明显。导管的排列方式与榉木非常相似，因此木板可作为榉木的替代木材。肌理粗糙，材质的重量及硬度属于中等。概括来说，是与榉木相比略软一些的白色木材。如果将色调涂装为榉木色，则很难分辨。从木材角度来看，划分为“鬼栓”和“糠栓”两种。鬼栓材质坚硬，且容易翘曲；而糠栓材质柔软，易于加工。

榆 可以称为春榆。榆科榆属植物，产于全日本，以北海道为主要产地。作为木材，也以红榆之名著称。芯材颜色呈灰褐色。环孔材，且年轮明显，木纹混杂紊乱，一般情况下容易翘曲。树皮粗糙，难以切削加工，且表面粗糙无光泽。由于从老树树皮长有树瘤的部位可以得到同心圆纹，再加上近年来榉木的同心圆纹木材极为罕见，因而可用作榉木的替代木材。也被称为榆榉。同心圆纹木材常被用作壁龛柱、壁龛地板、棚板等。

椈 指水曲柳，生长于长野县以北地区，木樨科植物。北海道为其主产地。作为木材，通常被称作椈木。在东部地区，又被称作象蜡树以及泽栗。此外，被称作椈的树木还包括日本白蜡树、棉毛梣，在北海道还包括榆类，在南方还有红楠、薮肉桂、白新木姜子以及锐叶新木姜子等。芯材颜色为灰褐色。环孔材，年轮明显，具有独特且美丽的花纹。

日本铁杉的砍伐作业　从砍伐现场用空中索道运出。

日本铁杉的砍伐作业　刚砍伐的树根。铁杉几乎没有香气。

木曽　是一种类似象蜡树的木材，但是象蜡树的色调更为明亮。它是一种稍重且较硬的木材，切削加工比较容易，肌理粗糙。可代替榉木、栗木、桑木，用作壁龛结构材料。由于其树干直，且枝头很长，便于利用，常被用作内饰木材等装饰性木材。

象蜡树　象蜡树产于群马县以西地区、四国、九州，木樨科植物。芯材呈褐色。环孔材，且年轮明显，老树中有时会出现美丽的木纹。就材质而言，它是一种中等甚至稍重的硬材，与水曲柳相比较略软。可用作榉木、栗木、桑木的替代木材。年轮宽度极窄，与榉木、栓木、水楢木一样，被称为糠目，缺点是重量轻且材质较弱。一般市面上流通的象蜡树木材几乎都是北海道的水曲柳，这是很难区分的。

北枳椇　产于全日本，属于鼠李科树木。芯材颜色为褐色带黄色到褐色带红色。环孔材，且年轮明显。老树常可以得到同心圆纹，极具雅致而深受好评。属中等木材，且易于加工。肌理粗糙，具有光泽。常被用于桑木的仿制木材，但因与榉木及檀木相似，也常被用作壁龛结构木材。

栴檀　是一种又名为“苦楝树”的楝科树木，生长于伊豆半岛、福井县以西地区。苦楝树古时是用来将犯人头颅悬挂示众的，出于吉凶的讲究，人们一般不愿使用它来作为木材。芯材颜色为褐色带浅黄色和红色。环孔材，且年轮明显。虽然是中等木材且易于切削加工，但其肌理相当粗糙。由于它拥有双排大导管，因此平纹木材呈现出好看的花纹。通常也被用作榉木及桐木的仿制木材。在日本西部地区受到好评，常被用作壁龛结构木材。

桑　它是一种产于全日本的山桑，在御藏岛和三宅岛产的山桑被称为岛桑，受到了高度评价。桑科，环孔材。芯材颜色为褐色带灰黄色，但多为亮黄色。由于其材质良好，因此即使随着经年累月的变化，仍保持一种深沉厚重的褐色，得到了众人的好评。年轮明显，其中呈现出鱼鳞纹、同心圆纹、牡丹纹等美丽木纹的，获得了极高的评价。木材稍重且坚硬、强韧，难以加工，但是经过抛光后表面富有光泽。作为壁龛柱、壁龛地板、壁龛框、落挂、棚板等壁龛结构木材备受珍视。岛桑因耐海风且材质细密而被认为是名贵木材，其中最好的是产于御藏岛、带黑芝麻斑点的桑树，其次是三宅岛产桑树，但现在已经很少产出了。

黄肌　芸香科树木，产于全日本，多见于北海道。也叫黄檗。在北海道以及东北地区也称作鍐。芯材呈黄褐色带绿色，环孔材且年轮明显。略轻、软材，树皮粗糙，不易于精加工，容易变形。常用作桑木的仿制木材，而现在常被用作洗出壁龛柱及带皮壁龛柱。

黑柿　产于除北海道之外的全日本，芯材带黑色条纹。柿子树有甜柿子树和涩柿子树，种类很多，日本培育甜柿子树是用来食用的，而黑柿木则是取材于涩柿子类树木。散孔材，环孔材倾向明显，年轮不甚明显，没有边材与芯材之分。芯材呈灰白色处显示出黑色条纹，有深有浅，且有时会全部变成黑色。黑色较少且条纹图案明显的木材，又被称作缟柿。纹理致密，材质略重硬材，比较易于切削加工。根据黑色条纹的好坏以及浓淡，可分为孔雀纹、菊花纹、网眼纹等。呈现略带绿色的黑色或黑色带蓝色的微妙木纹。作为一种黑色

木曾郡上松町的贮木场　木曾桧之山。

木材，与唐木中的黑檀齐名，自古以来，其工艺上的设计性广受好评，常被用于壁龛柱、壁龛框、落挂以及棚结构的建筑材料等。此外，也有将人工雕刻成黑色条纹图案的人造黑柿木用作壁龛柱的情况。

槐　不是传统的槐树，而是叫作怀槐（犬槐）。产于全日本，主要产地是从东北地区到北海道一带，由于产量减少，主要是从中国进口。边材呈黄白色。芯材呈极为雅致的深褐色，而春材呈茶色带黄色，冬材呈黑褐色，能看到条纹形状的也叫作缟槐。环孔材，略带散孔材性质，树皮略粗糙。重硬木材，韧性大，切削加工略困难，抛光后有光泽。利用木材表面的天然凹凸制作为壁龛柱，有一种恬静的风雅。也常用于壁龛柱、壁龛框、落挂等。

枫　也叫作红枫。枫树产于全日本，树种繁多。常见的枫树是板屋枫，其中具有代表性的是五角枫。边材、芯材无明显区别，从白色带红色到淡红褐色。散孔材，年轮不甚明显，略重硬材，切削加工略难。纹理致密，但木纤维容易弯曲，表现出缩纹、波纹、鸟眼纹等纹理，因其独特的丝绸一般的光泽而备受喜爱。常用于带有木纹的壁龛柱和壁龛地板，以及具有木纹天然凹凸感的框类、板类等。

樱　樱树作为一种名贵的木材，常见的便是带皮抛光圆木。带皮抛光圆木用的是山樱花树。该树种有很多变种、亚种，例如山樱花、大山樱花、霞樱花等。树皮呈茶褐色带紫色，较为平滑，有光泽，有横纹。地板通常使用低龄且木纹通直的木材，老树树皮逐渐变灰褐色，且树皮粗糙。常用于壁龛柱、椽子、正梁等。

朱利樱　北海道产，稠李亚属树木。边材从灰白色到褐色带淡黄色。芯材色泽有褐色带红色、褐色带黄色、褐色带灰色等。纹理均匀致密。属重硬材，易于加工，不易翘曲。表面光洁度良好，抛光后具有光泽。与槐木一样，常用于壁龛柱。

真桦　一般称为桦树，从植物学上来讲是指日本桦。写作椛，多被称为桦樱。日本散孔材代表树木。芯材色泽为褐色带淡红色。年轮不甚明显，材质略重硬，纹理致密，切削加工比较容易，表面光洁度良好。树皮也与樱树相似，可作为樱木的替代木材，多被用为壁龛板、建筑材料。

日本樱桃桦　低龄木与樱树相似，也被称作水目樱，但属于桦科树木。散孔材。芯材红褐色。材质与真桦类似，用途也一样。

日本栗　产于全日本。芯材色泽美丽，呈雅致的褐色。环孔材，年轮非常明显。重硬材，有黏性，切削加工略困难。芯材耐久性强，纹理致密，略易于翘曲。由于其坚固的材质、明快的木纹以及具有光泽的色调，在茶室式的雅致建筑中尤其得以重用。其中具有鱼鳞纹的板材深受推崇，常被用于壁龛柱、中柱、椽子和竿缘（与天花板呈直角方向的细长材）等的建筑材料，还被用于走廊地板、腰板等。共有几种类型，一般来说，形状不规则的是杣名栗，而形状规则的是山名栗。加工时多用刨子或机器。

日本七叶树　也写作栃、橡、栩，产于全日本。多见于东北地区至北海道南部一带，产于岐阜县的最为出名。从岩手县北上山地也能获取具有优良木纹的木材。通常来说，边材与芯材区别并不明显，木材色调从黄白色带红色到淡黄褐色。散孔材，纹理致密，具有丝绸一般的光泽，易于切削加工，易翘曲。以波痕构造（波状纹）而闻名。大直径木多为不规则木纹，其中，缩纹、虎斑纹、波纹等深受好评，没有木纹的木材受众较少。在老树的根部附近可以看到树瘤状隆起的树皮。因其材质易腐蚀，一些已经开始腐烂的老树在木材表面会产生一条条蜿蜒盘旋的黑线，具有一定的观赏性。常被用作壁龛柱、壁龛框、落挂、壁龛地板、棚板等。也被用作黑柿木的仿制木材。

樟　同时也被写作楠、棒、樟樟，指樟树，产于本州的中部以西地区。楠原本指红楠，以及近乎红楠的树木。樟树茂盛，多为大树，九州为其主产地，但现如今产量逐渐减少。多为神社及寺庙树以及保护树。芯材色泽从黄褐色到淡褐色，有时呈褐色带灰绿色。散孔材，但树皮较为粗糙，虽然切削加工并不困难，但是容易生成逆向木纹。材质略轻软，中等木材，但变化幅度大。有芳香，木材表面经过抛光后具有光泽。因其生长的同心圆纹这种美丽的纹理而深受大众喜爱。被用于壁龛地板、棚板、天花板等，尤其是被用于雕刻楣窗。

椎　小叶栲（小椎），产于千叶县以北地区。散孔材，边材与芯材区别不明显。将树皮剥掉露出木材表面纵向生长的纹理，经过抛光处理后，作为圆木用于壁龛柱。

毛泡桐　毛泡桐是一种广泛种植的树木，多产于东北地区、以新潟为中心的北陆地区、广岛县及冈山县。其中特别是南部桐和会津桐最为出名。环孔材，有散孔材倾向。边材与芯材区别不明显，木材色调因产地不同而有所差异，色泽从灰白色到淡褐色，也有一些木材带紫色。年轮明显。纹理略粗糙。日本产材质最软且最轻，收缩、膨胀很小，因此不易翘曲或开裂。易于切削加工，木材表面抛光后，秋材具有银白色光泽。只是如果所使用的木材是刚砍伐的木材时，木材表面会变成灰褐色，必须将其在阳光和雨水中暴露后才能使用，也就是所谓的“去掉涩味”。南部桐木纹整齐，且色调呈紫色，因此也被称作紫桐。软材。会津桐木纹变化丰富，秋材具有淡淡的银白色的光泽，因此在市场上得到重用。而且，即使随着时间的推移会有所变化，秋材这种明显的纹理也不会变得模糊。越后桐的年轮宽度在外周变窄，常用于天花板、落挂、棚间等。

日本辛夷　兰科，产于全日本。树皮平滑，色泽从灰白色到蓝色、灰色带黄色，由于长有地衣而呈现斑纹，极为优雅，深受大众喜爱，常被用于壁龛柱、中柱、落挂、正梁、椽子、壁止等。

百日红　作为千屈菜科的庭园树木而知名。混生于天然林中，树木多为通直树干。树皮平滑，色泽淡褐色。通常将树皮剥掉后，对其茶褐色的木皮进行抛光，常被用作壁龛柱。

桤叶树　桤叶树科树木，与百日红很相似，也有一些地区称其为山百日红。作为名贵木材，也被称为山花林木材。树皮平滑，色泽为茶褐色，比百日红颜色略浅。剥掉树皮后，将木质的淡褐色部分抛光成斑点状，常用于床柱、椽子等。也有带皮木材。

山茶　与百日红和桤叶树相同，被用作带皮圆木。树皮平滑，色泽为灰白色，有细小褶皱，因其地衣引起的蓝色斑点而被众人喜爱。常被用于壁龛柱、落挂等。

梅　作为带皮圆木，将其灰茶褐色树皮抛光后，用于中柱等。

唐木，国外产木材

紫檀　唐木自古以来就有紫檀、黑檀、铁刀木之名，其中紫檀也被用于奈良时代的正仓院御物中，是唐木中具有代表性的贵重木材。明治维新后，唐木这种木材的进口十分盛行，而这其中，紫檀可以说占了40%。紫檀，属豆科树木，被认为是唐木中的王者，据说从古时开始，便有一种与紫檀非常相似的木材作为紫檀流通于市面上，其树种不明。印度玫瑰木和巴西黑黄檀也被当作紫檀来使用。此外，有这样一种说法，就是“以紫檀的卖价来买花榈”，说的就是将价格稍低的花榈涂装成紫檀的颜色来作为紫檀出售，看多了就能够分辨出来。自古以来，紫檀也分为古渡紫檀、中渡紫檀以及新渡紫檀，虽然古渡有各种各样的解释，比如木材致密、呈紫黑色或是从老树中获取的，又或者说是从古代便传入了日本、经历了时间的洗礼等，但是从植物学上来看是没有具体的依据的。产地有泰国、老挝、缅甸、越南等，其中泰国产最受推崇。芯材色泽为褐色带红紫色，通常有深色和浅色的条纹，因此受到高度评价。随着时间的推移，颜色会从深紫色变成褐色。重硬材，具有致密的外观，树皮中等略粗糙。木纹交错严重，切削加工略困难，抛光后完美平滑，具有光泽。现在不仅大直径木材，连优质的木材也日渐稀少，因此紫檀越来越具有稀有价值。常被用于壁龛柱、壁龛框、棚板等。

榄色黄檀　产地为泰国、缅甸、老挝。芯材色泽是比紫檀略明亮的黄色或红棕色。木材上具有褐色带深紫色的条纹图案。随着时间的推移，颜色会变暗。重硬材，纹理也比紫檀要粗糙、坚硬一些，容易开裂。用途与紫檀一样。

红木紫檀　虽然有紫檀之名，且同属豆科，但和紫檀却不是同一种类。产地为印度。芯材色泽为红色带橙色，表面有暗色的木纹。随着经年累月的变化，色泽由深红色逐渐变为紫黑色。重硬材，纹理致密，不易开裂，抛光后具有光泽。

市场上的地板类　主要是榉木，常见的还有松板。

榉木角柱和地板　收集了很多优秀的木材。

这种木材从很久以前便被用来制作三味线。可以当作装饰木材来使用。

印度玫瑰木　印度玫瑰木在第二次世界大战之前都是被当作紫檀来使用，直到第二次世界大战之后，印度玫瑰木这个名字才逐渐被人熟知。即便是现在，东南亚制的家具等还是会被认为是用的紫檀。产地是印度。豆科。芯材色泽是暗淡灰深褐色到黄褐色，再到黑褐色带紫色，变化幅度很广，纵断面可以看到明显的黑紫色的纹理和斑点，由此可以和紫檀区分出来。重硬材，木纹中等，略粗糙，切削加工困难，但表面光洁度良好。抛光后，木材表面具有光泽。这种木材一般也被用作壁龛柱、壁龛结构材料等。同时，作为合成板，也经常被用于内装材料。

黑檀　自古以来唐木的代表，与紫檀并驾齐驱。东南亚产，散孔材。柿科树木，芯材色泽大多呈黑色，由此而得名“黑檀”。其中有名的是黑檀、条纹黑檀、青黑檀以及斑纹黑檀等，是一种珍贵的木材，其中专门被用作木材的是条纹黑檀。

本黑檀　产地为印度、斯里兰卡。芯材颜色为纯黑色。重硬材，纹理极为致密，光泽度非常高。

条纹黑檀　产地为印度尼西亚。过去也被称为新黑檀、新黑、纹黑檀、条纹乌木等，也叫毛柿。芯材黑色或红褐色，纵断面具深浅相间的美丽条纹。材质较紫檀略重。纹理致密，且材质略软，因此易于切削加工。容易出裂纹。当然这也取决于产地，像是菲律宾产的就比印尼西里伯斯岛产的容易出裂痕。抛光后具有光泽。由于其具有变化丰富的黑色条纹，因此条纹黑檀比紫檀更受众人喜欢。相比紫檀来说，大直径木略少，由于其资源的不断减少，因此价值越来越高。常被用作壁龛柱、壁龛框等。

青黑檀　产于泰国、印度，近年来产量日渐稀少，是黑檀中最重且最硬的材质。芯材为黑色，由于导管中充填有绿色物质，因此看起来是略带绿色的黑色。纹理极其致密，光泽度欠缺。

斑纹黑檀　产于印度尼西亚、印度、斯里兰卡，但因产于安达曼群岛而出名。芯材具有黑色和黄褐色的漂亮斑纹。产于菲律宾的条纹黑檀有时也会被称为斑纹黑檀。易开裂。因为斑纹黑檀和萨摩产的黑柿相似，因此过去斑纹黑檀又被叫作萨黑。

花梨　也写作花榈、花林。属豆科树木，容易与产于日本的蔷薇科花梨混为一谈。作为唐木的一种而广为人知，硬度仅次于紫檀、黑檀、铁刀木，同样可以用于正仓院御物中。产地为印度、缅甸、印度尼西亚等。印度紫檀被称为花榈，菲律宾产叫作纳拉，在色调上具有不均匀性，并未被列为名贵木材。芯材颜色变化颇多，从橙褐色、红褐色到暗褐色。纵断面呈现条纹，深浅不一，具有特殊的斑纹，由此可与紫檀区分开来。多数木材呈现出树瘤纹，十分美观。虽然是重硬材，但是变化幅度很大，因此切削加工并不难。肌理略为粗糙，但表面光洁度良好，经过抛光后表面具有光泽。但是由于木纹交错，容易出现逆纹，以往常被用作紫檀的替代木材，也因为有很多大直径木材而受到高度评价。由于资源的减少以及产地的保护政策，目前逐渐开始使用越南、柬埔寨、老挝的同属相似树木来作为花梨木。而且，产自非洲西部的尼日利亚、加蓬、刚果地区的非洲紫檀木作为代替材料被大量进口。芯材颜色红色带深橙色，随着时间的推移颜色会逐渐带暗紫色，具有与花梨相似的深色条纹纹理。甚至非洲东部的莫桑比克、津巴布韦以及非洲南部地区产的、比花梨木的红色略淡的木材，也被作为花梨木流通于市面上。木材色调为玫瑰色的被称作红花榈。常用于壁龛柱、壁龛框、壁龛地板、棚板等。

铁刀木　紫檀、黑檀、铁刀木这三种木材自正仓院御物时代便被人们所熟知，作为唐木中具有代表性的木材之一，铁刀木板是一种珍贵的木材，其珍贵之处在于平纹木材面所呈现出的“铁刀木纹”这种独特的花纹。名字也迎合了日本人的喜好，根据形状不同，分别被命名为飞白形、云纹形、箭羽形等。产地从泰国、缅甸、越南、柬埔寨、印度、斯里兰卡到非洲国家。因其花朵十分美丽，因此也被用作行道树、庭院树。豆科。芯材颜色从黑褐色到黑色带紫色，软组织呈现出致密的淡褐色条纹。重硬材、韧性强，肌理略粗糙。木纹交错，所以切削加工略显困难，抛光后呈现出光泽。因大直径木的日渐稀少，因此被视为稀有木材。非洲产的非洲崖豆木常被用来当作铁刀木的替代木材。生长缓慢，从造林木材来看，可谓是好树难求。常被用作壁龛柱、壁龛框、建筑材料。

紫铁刀木　产地为泰国、缅甸。边材与芯材颜色一样，都是从浅黄灰色到略带蓝色。芯材经过加工，与空气接触后会变色为迷人的紫色，然后再从紫色变成黑色。然而即使是锯木板，也还是会有褪色发白的情况。纵断面软组织呈浅黄褐色，呈现出细条纹纹理。重硬材，木质部分经常有石灰沉淀，加工起来也非常棘手。肌理略粗糙，但是表面光洁度良好，经过抛光后出现光泽。因易于翘曲，所以需要注意干燥。

白檀　白檀的同类有四五种，产地从印度、印度尼西亚到澳大利亚、太平洋地区，香气浓郁，可以说是香气树里最好的树木。在日本，檀也被认为是白檀，但其实二者是不同树种。芯材颜色为浅黄褐色，但随着经年累月的变化，颜色会变暗。材质略重硬、肌理致密，但是欠缺光泽。具有一种独特的芳香，而且这种香气能永久保持，是一种珍贵的香料树。在日本，因为属于针叶树的圆柏和杜松也具有芳香，因此也被叫作白檀或者是和白檀，但是实际上它们的香气是不同的。能用来作为建筑材料的白檀少之又少，常被用于床柱。

槟榔树　所谓槟榔树，实际上是一种叫蒲葵的树木，与同属棕榈科的槟榔树不同。芯材质地柔软，外围呈现出带有紧密条纹状的黑褐色。现在这种树已经很少能见到了。常被用作壁龛柱和建筑材料。

柚木　在明治时代之前，柚木仅在京都的万福寺中使用，明治维新后才闻名于世。产于泰国、老挝、缅甸、印度以及印度尼西亚，除此之外，还有非洲柚木、罗德西亚柚木、南美柚木。还有产自东南亚的尼丁树，材料色调中呈现出与柚木相似的暗褐色条纹，这种木材又被称作欧亚柚木，作为柚木流通于市场上。马鞭草科，散孔材，但是具有环孔材倾向，年轮明显，芯材呈黄褐色带金色，纵断面呈现出黑褐色的条纹。经过经年累月的变化，颜色会从褐色变为暗褐色。材质略重硬，但切削加工性良好。树脂分泌多，肌理略粗糙，呈现出美丽的光泽。强度及耐久性高，即使与金属接触也不会发生腐蚀，因此被广泛用作船舶材料。其中色调明亮、且表面呈现出美丽条纹图案的木材深受众人喜爱，人们也开始将这种木材用作欧式装饰材。其中缅甸柚木获得了最高评价，爪哇柚木是泰国材，相比缅甸材色调、材质稍显劣质。常被用于棚板、壁龛框、建筑材料。

日本黄杨　过去被称作暹罗黄杨，产于泰国。茜草科树木，是黄杨中上好的树种之一。边材、芯材区别不明显，颜色均为浅黄褐色。纵断面呈现出由生长轮形成的条纹。重硬材，肌理致密。与黄杨相比欠缺光泽，经过雕刻加工后可用于壁龛柱。

龙头树　产地菲律宾、印度尼西亚，漆树科。芯材颜色从浅褐色到褐色带暗黄色，表面经常呈现出黑色条纹。肌理略粗糙，具有光泽。木纹明显交错的木材表面容易起毛。常被用于壁龛柱。

柬埔寨松　产于泰国、柬埔寨、越南、缅甸、苏门答腊、菲律宾。南亚松，因为是从柬埔寨进口的，因此通常被称为柬埔寨松。和日本的赤松、黑松一样，同属二叶松。芯材颜色红褐色，年轮明显，富含树脂，其深红色的木材常被用来当作油松的替代木材。反复擦拭后呈现出光泽。目前只有从越南和缅甸少量进口。常被用于壁龛结构木材及建筑材料。

台湾桧　产于中国台湾的桧树，是日本桧树的变种，与日本桧树略有不同。芯材颜色从褐色带浅黄色到黄色带浅红色。与日本桧树相比，台湾桧的褐色要略深一些，而且材质略重硬。秋材宽度较窄，与春材的差异较小，肌理致密均匀，木纹通直，切削加工性良好，有光泽，且具有浓郁的芳香。大直径木材中，平纹木材面呈现出美丽的木纹，明治时代以后开始被大量使用，用途与日本桧树相同。

红桧　产自中国台湾。芯材颜色从鲜艳的黄色到黄色带红色。轻软材，不易翘曲，大直径木的平纹中经常呈现出美丽的竹叶纹。与屋久杉的木纹相似。目前以秋田杉的替代木材而闻名于世。随着经年累月的变化，颜色会逐渐从褐色变成红褐色。多被用于天花板以及楣窗。

台湾楠　台湾楠是一种产于中国台湾的香樟散孔材。芯材颜色从浅黄褐色到浅褐色，也有一些芯材呈灰褐色。具有红紫色的木纹。木纹多为交错，直纹木材面呈现出蝴蝶结纹。有些可以从大直径木材中得到同心圆纹。有花纹的被叫作花楠，没有花纹的评价很低。肌理从中等到略粗糙，树脂分泌很多，切削加工略为困难，但加工后呈现出光泽。具有芳香。樟属的

市场中唐木的展示 东京铭木市场。

犬樟也常被用来作为替代材料，但犬樟没有芳香。被用于壁龛地板、棚板、壁龛柱等，但最出名的是雕刻楣窗。

台湾榉 产自中国台湾的榉树。芯材颜色有黄褐色、红褐色、褐色等。环孔材，年轮明显。具有鱼鳞纹、同心圆纹、鹑纹等花纹。通常来说，与日本榉树相比，台湾榉木材要重一些，且年轮也并不明显。用途与日本榉树相同。

美国松 虽然被称作松，但实际上却不是松树，而是一种黄杉属的树木。从很久以前便以俄勒冈州松之名而广为人知。山地型树木和海岸型树木有很大的区别。由于产地广泛，芯材的色调也是多种多样，但通常情况下，山地型树木芯材颜色带有淡黄色。而海岸型树木芯材颜色幅度很大，范围从浅褐色到红褐色带橙色。年轮明显，与松树相似。肌理粗糙，从材质上来评估，松介于日本的松树与杉树中间，切削加工性中等。虽然富含树脂，但是如果不人工进行干燥以及脱脂处理，涂装是非常困难的。因为可以得到长且大直径的木材，所以色调明亮且年轮明显的木材被人们所重用。但是与日本松树相比，随着经年累月的变化，其色调会变污发黑，秋材会变硬开裂，而春材则会逐渐干缩。用途虽然与日本松树相同，但是作为脂松的替代木材略差。一般是将其加工成薄木板和锯木板，进行厚涂，形成薄膜，用作内装材。

美国桧 桧树的一种，产自美国的俄勒冈南西部到加利福尼亚北西部一带。边材、芯材略不明显，颜色从浅黄白色到浅黄褐色，材质与日本桧相似，但略发褐色。具有光泽以及独特的芳香。用途与桧树相同。

黑胡桃 产自美国中西部的阿巴拉契安地区。芯材颜色幅度很大，范围从褐色到暗褐色、褐色带紫色，很多都呈现出模糊的暗紫色条纹图案。随着经年累月的变化，颜色会变暗。散孔材，但通常具有环孔材的性质。材质略重硬，韧性强，肌理略粗糙，易于切削加工，表面光洁度良好。树皮上所附有的树瘤以及根珠具有美丽的纹理。色调淡雅，在美国属于最好的阔叶树木材。新几内亚胡桃木、欧洲胡桃木以及巴西核桃等都与黑胡桃木同等级，作为名贵木材用于建筑材料。

桃花心木 楝科树木，产于墨西哥、哥伦比亚、委内瑞拉、秘鲁、玻利维亚、巴西等，是世界级的优秀木材。过去古巴产桃花心木被认为是最好的，又被称作西印第安桃花心木。它是一种优秀的木材，也有很多其他树种的木材也被冠以桃花心木的名字。菲律宾桃花心木是柳安木的一种，近年来，西非产的沙贝利有时也被称为桃花心木。芯材颜色从褐色带悦目的红色到红褐色。经过经年累月的变化，颜色会变成暗红褐色。散孔材。木纹有些交错，呈现出带状花纹。色调微妙，形成了悦目的条纹图案。中等木材，但是变化幅度略大，肌理略粗糙。易于切削加工，具有光泽。很少发生翘曲。自古以来便是世界木材市场上的著名树种，是一种珍贵且稀有的木材，被用作建筑材料。

巴西黑黄檀 巴西黑黄檀产自巴西，豆科树木。豆科黄檀属在全球热带到亚热带地区约有150种，但是能作为建筑等木材的约为20种。通常，它具有美丽的芯材，并且以紫檀为代表。作为南美木材而广为人知。在巴西又被叫作巴西玫瑰木。而因为花朵绚烂美丽而通常被种植在道路两旁用作行道树等的蓝花楹属紫葳科、蓝花楹属，是另一种树木。芯材颜色从褐色到深褐色，并且通常具有不规则的紫黑色条纹，呈现出豪华且高贵的色调。散孔材，材质重硬，肌理中等，但是在纵断面上可以清晰地看到导管。树脂含量多，因为具有馥郁的芳香而得名。切削加工略困难，树脂含量多的木材表面光洁度不好。资源很少。被用作壁龛柱、建筑材料等。

卡雅楝 产自西非的利比里亚、加纳、尼日利亚、喀麦隆以及加蓬等地。芯材颜色幅度很大，范围从浅红褐色到深红褐色、褐色带紫色。木纹略交错，有时会呈现出带状花纹。肌理略粗糙。被用作建筑材料。

沙贝利 从西非到中非、再到东非都有广泛产出。是一种类似桃花心木属的树木。芯材颜色为浅红褐色，但暴露在阳光和空气中后，颜色会由红褐色变成褐色带紫色。木纹交错，直纹木材面呈现出带状纹理。肌理中等，略粗糙，切削加工并不困难，具有光泽。加工成平纹木材时，容易翘曲和开裂，因此一般都是直纹木材。被用作建筑材料。

非洲胡桃木 广泛产于西非的塞拉利昂、加纳、尼日利亚、喀麦隆、加蓬等地。芯材颜色从暗黄褐色到深暗褐色，具有黑色条纹。木纹交错，直纹木材面呈现出带状纹理。肌理中等、略粗糙，易于切削加工，但直纹木材面容易产生逆向木纹，需要用刀切断。具有金色的光泽。常被用来作为黑胡桃木的替代木材。

古夷苏木 产于西非的喀麦隆、加蓬等地。芯材颜色从略发深粉红色的褐色到红褐色，具有紫褐色的细沟团。豆科。木纹通直，但走向非常混乱，呈现出波浪状的纹理。重硬材，肌理中等，切削加工困难，但表面光洁度良好。可以得到大直径木材，因其色调与花榈相似，因此常常被用来作为花榈的替代木材，但品质略差。被用于壁龛柱、棚板等。

鸡翅木 产自西非的尼日利亚、刚果等地。芯材颜色从浅黄色到黄褐色。接触空气后会迅速变成暗褐色。在直纹木材面中，深色部位和浅色部位呈现出铣削且规则的条纹，在平纹木材面形成明显的竹笋纹理。重硬材，肌理略粗糙，纵断面上有清晰可见的导管，形成粗糙的细沟。切削加工性略为困难，但是用刀切开后表面光洁度良好。作为铁刀木的替代木材而受到了人们的重用，但是不如铁刀木的纹理致密。色调是全黑的，因此又被称作黑铁刀木。被用于壁龛柱、棚板等。

大叶红檀 从西非到中非，再到东非都有广泛产出。芯材颜色从深褐色到红褐色，表面具有深色细沟，明暗相间形成了条纹。尤其是平纹木材面中，黄褐色、粉褐色、红褐色、紫黑色混杂在一起，增添了装饰性。木纹有细微交错，也有一些呈现出波状纹理。重硬材，肌理中庸。用途与紫檀以及玫瑰木相同，被用于壁龛柱、棚板。

猴子果 产于西非的几内亚、塞拉利昂、利比里亚、加纳、尼日利亚，喀麦隆和加蓬等地。芯材颜色从粉褐色到红褐色。随着经年累月的变化会逐渐变暗。肌理中庸，易于切削加工，鲜少发生翘曲或裂开。猴子果是一个单一树种，因此材质是统一的，具有可以集中得到大直径木材的优点。只是，如果与铁质接触后就会产生污染。它是夹竹桃科树木，与桃花心木没有任何关系，只是外表相似。

关于北山杉

北山杉

在日本的数寄屋中，杉木是不可或缺的。日本杉木被广泛使用，包括壁龛柱、壁龛框还有壁龛天花板、座敷（铺着席子的日本式房间）天花板、长押（两柱间的横板）等。我们也可以这样认为，所谓数寄屋，就是一座熟练且巧妙地运用杉木建造而成的家。这可能也是因为杉木有着无限的塑造性，让我们在思考家的布局时，能够自由发挥。

在建筑的内装中，最需要注意的便是壁龛柱的配材。说起数寄屋的壁龛柱，首先要提到的便是京丸太——北山杉。长久以来，北山杉一直被用作数寄屋材，有诸多历史都证明了北山杉极强的可塑造性。如今通过了解北山杉，或许能更进一步走近数寄屋的世界吧。首先我想先从北山杉的产地说起。

北山杉的故乡——中川

从以红叶而闻名的高雄出发，朝着周山街道（以前的一条街道）向北走，沿着清泷川开车10～15分钟，我们就会遇到一排排夹杂着传统民居的房屋，这些传统民居都有着很宽的屋檐，用来在狭窄的山谷中干燥木材。被东山魁夷先生所描绘的北山风景所包围的这一带，就是现在的东京都北区中川北山町中川村。据说这个村庄作为北山杉林业的中心，因村庄中间流淌着清澈的溪水而被命名为中川村。

在中川村附近流传着这样一个故事。某一天，一位僧人在云游时摔倒在了中川村。在村民们长达半年的精心照料下，僧人恢复了健康，当他离开时，为了表示感谢，僧人教授给了村民们用在北山山中的菩提瀑布所得到的细沙抛光圆木的方法。据说从那时起，北山便开始制造抛光圆木。留存着的这个关于抛光圆木制造的古老传说，实在是很有北山的风格。

北山的树林越过山脊，延伸到丹波的山国京北町。北山人对当地的杉木有着很强的自信心，非常有自豪感。奈良县的吉野林业拥有茂密广阔的森林地带，数量以及种类丰富，而与此相对，北山林业则坚持生产装饰圆木，始终将质量放在第一位。

北山距离延历十三年（794年）迁都平安后发展起来的京都街很近，人们对优美的圆木有着很大的需求。但是，流经村庄的河流两岸都是贫瘠的土地以及悬崖地形，虽然降雨量与京都没有太大变化，但是湿度很高，而山谷中因为阳光不够充足，因此气温并没有那么高。这种土地的杉树生长缓慢，收获量有限，反而形成了致密的木材。

北山杉的种类和特性

目前北山生产的圆木有以下几种。

（一）北山天然褶皱型圆木

（二）北山人造褶皱型圆木

（三）北山抛光圆木

（四）北山面皮柱

（五）北山入节圆木

（六）北山椽子

（七）旧化圆木

其中的（四）到（七）可以视为次要。从历史上看，北山抛光圆木是被最早生产的，而在这一生产过程中又发现了天然褶皱型圆木，其增值方法发表于明治到大正时代，并且在大正十一年（1922年）发明了人造褶皱型圆木。从昭和30年代开始，

流经北山林业的中心地带　中川町中央的清泷川。

坂本喜代藏氏　在中川对北山杉的历史进行研究。

菩提瀑布　用这种流动的细沙对圆木进行抛光。

人造褶皱型圆木迎来了全盛时代。

在北山生产的圆木有以下四个共通的特点。

（一）无节。

（二）肌理美观。

（三）干和枝笔直，而且粗度基本一致。

（四）木纹致密（从结果上来看具有很强的强度）。

为了得到具有以上特点的杉木材，北山进行了以下措施：①使用严格挑选的树苗进行扦插育苗造林②频繁地修剪树枝作业。

行走在北山，望去便可以看到成片的杉树林，那里杉树整齐排列着，这样的风景便是归功于上述作业。

那么，要说北山杉中最好的木材是什么，还是要非天然褶皱型圆木莫属。我打听到有一家数寄屋的座敷被装修得很好，便欣然前去拜访。在那里我受到了主人的热情欢迎。“您好，请进”，主人这样说着打开了隔扇，只见在隔扇对面挂着一幅卷轴，而壁龛的地板上摆放着当季的花朵作为装饰。我走进座敷，再次将目光投向壁龛仔细欣赏着，在淡淡的光芒中，那里赫然有一根雕刻着浅色褶皱且具有美丽肌理的壁龛柱，让我不禁感叹：“啊，这里也有北山天然褶皱型啊，真美啊。”不仅是在京都造访时，在走访其他地方时我也会每每发出这样的感触。

这种材料特别稀有，现在几乎是买不到了。抛光圆木的表面上有着细微的褶皱纹理，再通过后天的位置条件形成了波状褶皱。虽然说是这种木材经常出现在壮龄树种，但概率也是微乎其微，几乎是几十万棵树中只有一棵会有这样的纹理。

在天然褶皱型圆木中，除了这种凹式褶皱型圆木，还有一种作凸式褶皱型圆木。这与凹式褶皱型圆木相反，为了让树皮隆起，褶皱呈凸起状，天然的凸式褶皱型圆木与凹式褶皱型圆木一样十分珍贵。凸式褶皱型圆木并不是后天产生的，而是通过突变形成的，极为稀有。我们发现，通过基因传递给后代，在实生苗中很难繁殖，从明治末期到大正时期，通过扦插育苗进行繁殖的方法是由北山的林业家棵田市兵卫氏和中田茂造氏二人发明的。

目前已知的有“棵田”“广河原”“落合”等约20种。据说在完成之初，用于杆插的树枝被以非常高的价格进行交易，甚至还被偷了。

苗床的杉树 养护到4年后移植到山上。

山地的杉树苗 山上种植三四年的杉树。

杆插和修剪树枝作业的实际情况

长久以来，北山杉之所以摒弃了那些用于植树造林的树苗，固定选用所挑选的优良品种，是因为通过实生苗所培育的树种在生长到一定程度之前，无法分辨它是否容易发生弯曲。如果是从不易弯曲且肌理美丽的树上取下树枝，利用杆插的方式进行培育，便能培育出相同的树木。在明治时期，苗种主要是白杉系，例如台杉等，而自昭和时期以后，苗种更多选用的是芝原杉系。白杉系的树皮虽然漂亮，但生产缓慢，被加工成壁龛柱后容易开裂，而芝原杉系能够快速成长，而且抗裂性强。因此，在选择苗种时，对诸多情况进行了斟酌，包括由于销售渠道的拓宽所要面临的生产效率的提高，以及对空调时代的对应等。

通常选择约30年生、生长良好的杉树作为用于杆插的母树，在春季四月到五月采集树枝。在枝头长出米粒大小的新芽的地方切取30～50厘米，用黏土或红土包裹住切口，植入苗床中。养殖两三年再种植到山地中。种植密度为每坪种植三四棵树，在生长过程中，为了让叶子互不重叠，每坪树苗都被种植成三角形。

种植的幼苗一定要立支柱，注意保持幼苗的垂直，不要发生弯曲。据说，在夕阳的照射下，生产稍慢一些的土地能够培育出好树。幼苗种植后过了五六年，长到2米左右的幼树有时会用镰刀来修剪下部的树枝。

然后过5年再进行一次去枝，随后每隔5年去一次下部的树枝。到了第10年以后，这种去枝又叫作修剪树枝，并且当树高超过10米时，需要爬到树上，使用斧子来进行修剪。环顾树林，对每一棵树的成长状态进行观察，如果长势强的树便多进行一下修剪，而树较细的则少进行修剪，就这样努力使整体生长到相同的粗细。由于树枝被修剪过的痕迹随着树木的生长会被掩盖，因此树皮的表面变得无节。这是一项必不可少的作业，通过该项作业可以使北山杉成长为无节且干和枝同样粗细的树木。由于其树枝被修剪过后的伤口浅且小，因此作业人员的技能和经验受到了高度评价。因此，当人们看到北山树时，总会看到树木上标记着剪枝作业人员的名字。

30～50年生树木被认为是最理想的状态，不过树林到了可砍伐时期，一般是在九月到十月进行砍伐。被砍下的树木需要就这样躺倒在树林中放置一个月左右的时间。阳光充足的地方，为了防止被晒伤，需要用纸将树木卷起来。通过这一作业，圆木中的水分被充分蒸发，木材表面变得有光泽，且颜色变白。

通常情况下，木材经过以上这一过程后便会被运到库里，但一些重要的木材还需要进行“切根”作业，也就是在砍伐年的冬天，适当砍掉树枝，充分抑制水分的吸收。随后在夏天砍掉杉树的根部，在长有枝叶的情况下剥掉树皮，挂在树上使其干燥。

使树皮美观的加工作业

砍伐的树木被运到加工厂剥去树皮。

用冷水或热水浸泡，使树皮变软，小心翼翼地去掉软皮。

剥掉树皮的圆木静置一周左右。

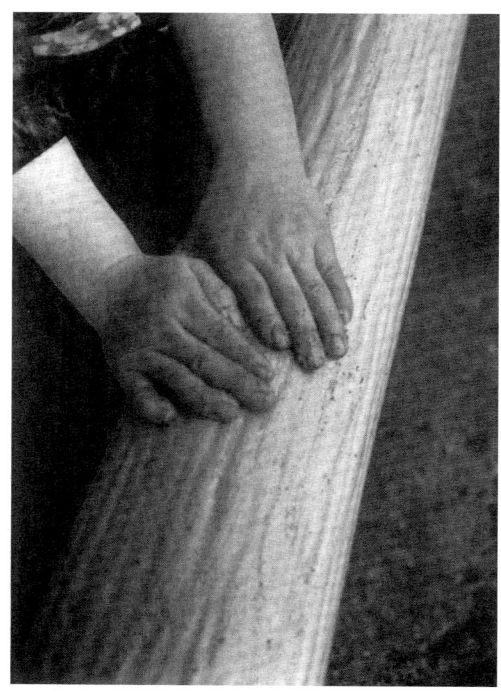

苗床的杉树　养护三四年后移植到山上。

再次浸入冷水或热水中，除去细沙。

将抛光后的圆木涂上防霉剂。

为了进一步改善树皮的颜色和光泽，并且防止干燥开裂，进行“捆枝”作业。所谓捆枝，就是说在前一年将预定砍伐的树木顶部以外的所有枝条全部砍掉，通过限制树木的生长可以使表面的年轮层变薄，材质变得更加致密，使颜色变白且具有光泽。据说冬天尤其是树木冬眠时期其效果最佳。

第二年，经过捆枝的树木比其他树木更早生长，在八月盂兰盆节前后进行砍伐，在林内剥掉树皮，立起使其干燥7～9天。通过这样的处理方式，树皮会更具有光泽。

砍伐下来的树木被切成一根根（约10尺），为了不损坏木材的肌理，用木马和架线或者卡车等运送到库里。在加工厂中，将其放入仓库中后，然后剥去薄皮（叫作去皮），涂上防霉剂，锯开背部，将一种叫作的“箭”的楔子打入背部，在通风的屋檐下干燥一个月左右。最近开始致力于通过使用人工干燥来减少天然干燥过程中容易产生的各种缺点，从而使其在短时间内干燥。

人造褶皱缠绕工程

剥去立木的粗皮。

将铁丝缠绕3圈后插入板条。

从事这项工作的桥本义雄先生是名人之一。

将板条用铁丝缠绕到树上。

铁丝的间隔为1.5厘米。

之后，使用温水或者热水，以前的话按照传统要用菩提瀑布的细沙对圆木进行抛光，但现在已经不拘泥于此，只要搭配沙子就可以。

以上内容对北山杉的育成和生产工序进行了概述，而现在已经量产的人造褶皱型圆木的生产作业则需要在这一过程的砍伐前期就进行作业。

人造褶皱型圆木的设计和生产工序

直至明治中期，北山产的圆木大多是抛光圆木。但是从明治30年代开始，人们开始尝试用杆插法培育天然褶皱型圆木，直到大正末期，才总算找到了一种可靠的方法。

当时普通的抛光圆木一根要两三千日元，而杆插培育的天然褶皱型圆木用100日元就能够完成交易，因此林业家们自

明治初期的北山杉搬送场景　妇女将其顶在头顶搬运。

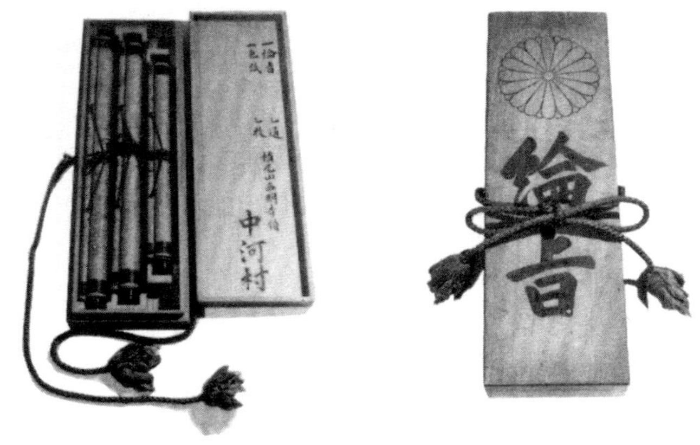

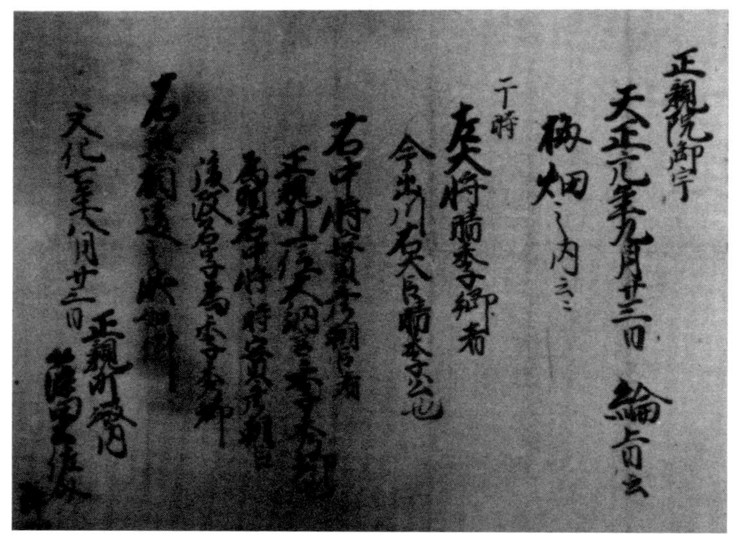

正亲町天皇论旨　流传至今为数不多的资料。

然会对褶皱型圆木非常感兴趣。因此，有人开始考虑，如果只是用树林中的一般树木，而不是采用突变的天然褶皱型圆木的杆插法又会怎么样呢？

另一方面，考虑到北山杉的短缺趋势，在奈良县吉野地区，开始生产一种叫作“京木制作”的北山风格的装饰圆木。此外，与北山截然不同，在吉野，小川村的细川久作、龟作升作三兄弟注意到了人造褶皱型圆木。人们开始积极着手人造圆木的商品化，因此北山也开始跟着一起进行了转变。

在生产人造褶皱型圆木时，选择树龄在15～25年、无节、正圆且干枝粗细差异较小的木材，首先避开根部，剥距离根部约2～9尺的粗糙树皮。如果是树龄较小的树木，粗糙树皮很容易就能剥掉，但是树皮的光泽不好，且容易干裂。据说树龄约30年、直径在12厘米左右的树木，缠绕褶皱的效果最好。用16号铁丝将塑料等材质的板条缠绕在进行过剥皮处理的树皮上。即使是熟练了这一操作，一天也就只能缠绕六七根。时间是从秋天开始至翌年二三月。有趣的是，板条的材质以及缠绕的强度决定了木材的完成，因此林业家们也纷纷绞尽脑汁，下了一番功夫。例如，在松文商店的树林中，他们只选用了竹子，因为竹子的褶皱柔软，更接近于天然。另外，如果希望得到变形褶皱，通常选用塑料。像是黄杨、杜鹃等以前也被用来当作板条，但是现在由于其材料难求也就不再使用了。

一棵杉树要用六七百根板条，竹子可以重复使用两三次，而塑料可以反复使用多次。通常是缠绕一年，稍微老一些的树木两年，随后保持缠绕的状态，观察树木的状态，松开铁丝放置，根据树皮褶皱的情况，在秋天进行砍伐，送至村庄。

上述关于北山圆木的特点以及种类，还有最近的生产工序，我有幸采访了京都松文商店的常务吉村龙三先生。松文商店经营北山圆木有130年历史，其成立之初位于鹰峰光悦寺附近。当时的北山圆木，为了不损坏树皮，采取了周密的措施。它是通过两条路线完成运送的，或是从中川到京见峠，再穿过千束，或是从菩提瀑布到鹰峰。明治三十五年（1902年）以后，周山街道成了现在所说的产业道路，这是这条路被扩宽以后的事情了。

鹰峰是北山圆木的集散地，明治初期这里有3家木材批发商，十分热闹。据说中川的人们在这里收到圆木的货款后，就用这笔钱买了一些生活用品，然后回去了。除此之外，当时云畑和千束也分别还有几家北山圆木制造商。

在铁路开通之前，北山圆木是从鹰峰用两轮手推车送到高濑川三条，再通过船运运往大阪。千本铭木商会（商店名“酢嘉”）是京都具有代表性的名贵木材批发商，据说其前身是在高濑川三条经营木材和圆木的运输业务，从其成立开始已经有160年之久。由于铁路的开通，松文商店考虑到经营的便利性，于大正十年（1921年）从鹰峰搬到了现在的千本，它是京都最古老的专门经营北山杉和其他名贵木材的老店，至今在北山仍保有山林，与北山有着深厚的渊源。

在这里，我还想针对北山出产的杉树抛光圆木的产量做一个简单的介绍。据说在北山出产的圆木，在明治初期有一两千根。在大正后期，总计生产了3000根，这几乎是这片被称为天然山地的古老林业地的生产极限了。然而由于需求的不断扩大，人们不得不前往北山或丹波地区。明治三十五年（1882年）后，在人造褶皱型圆木开始批量生产的同时，技术也在不断进步。现在一年的圆木出货量大概是在100万根。其中人造褶皱型圆木占比百分之八十，其影响之大可想而知。

关于台杉

以上主要介绍了抛光圆木、天然褶皱型圆木以及人造褶皱型圆木的生产和历史，而台杉种植与其的关系就如同自行车的两个轮子，支撑了北山林业。

台杉种植是北山林业独特的植树造林方法，是利用杉树笔直向上生长的特性，培育多株丛根株发芽的树枝。但是，与仅需一次加工制作的抛光圆木相比，台杉的种植成本高，并且在盈利方面居于劣势，因此目前生产也有减少的趋势。近来，因为台杉姿态优美，被用作庭院树。

在中川町山本末治家的前面，有一棵台杉，那棵树据说已经有350岁了。这让人不禁思考，北山的台杉林业究竟是从什么时候开始的。

北山林业的开始

最后，我想谈谈北山林业是从什么时候开始的。正因为北山圆木是数寄屋不可或缺的木材，所以关于北山圆木的起源，已经发表了很多研究学说。

中川当地的研究家坂本喜代先生通过调查京都现存的古神社、寺庙、离宫、茶室中北山杉的使用情况，以及北山台杉残株的年轮，认为北杉林业应该是起源于距今600年前，在室町时代曾通过杆插的方式生产过抛光圆木。这是关于北山圆木起源的最古早的一个论述，只是关于古建筑的建立年代以及用材之间的关联，因为还包括了后期维修等一系列的问题，因此无从考证，总有一种让人无法明了的遗憾。

此外，在《白杉圆木培育方法》(日下部大助著）和以此为蓝本创作的《京都府山林志》中，认为台杉发祥于应永年间丹波山区地区，并且也考虑到了伺候京都的繁荣以及茶道的流行，还有应仁之乱所带来的需求量的增加等因素，只是作者也说自己是在“史料依据不足”的状态下创作，缺乏一些可循的资料。

而且，在《庭训往来》以及《雍州府志》等书籍中关于各国名产的记载中也有搜寻过有关北山杉的考察，但却没有任何记录，终于在《都城名胜图会》找到了北山杉的名字，搜寻到一些确凿的记录，却是少之又少，只是说北山杉是一种山城地区的名产。

如果北山留存有木材、圆木的出货记录以及山林管理账本等资料，那么就可以成为研究的资料，但是现状就是什么都没有留下。其中唯一留存下来的只有起草于天正元年（1573年）九月十三日的《论旨》这一文书。

这是由正亲町天皇写的一份文书，文书中表明因为梅之畑乡、中川村的居民向京都的皇宫进献了30根黑檀木（带皮圆木），因此免除了他们的各种役务。然而，这好像也不是抛光圆木生产的起源。

先不论它的起源是怎样的，综合考虑到京都的预估人口和茶道的流行，壁龛被引入平民住宅的时代，还有江户时代后神社、寺庙的建造和复兴热潮，自然而然地会让我们认为，无节圆木应该是在江户时代之后在北山集中上市的。

结语

“若是将日本座敷比喻成一幅墨绘，那么障子（纸拉窗）便是画中着墨最浅的部分，壁龛则是墨色最浓的部分。每当我看到日本座敷里考究的壁龛时，总会不禁感叹日本人究竟是如何理解阴影的，以及是如何巧妙运用光与影的。(中略）在我还是少年的时候，当我望向没有阳光的茶室以及书院的壁龛深处时，总是会感到一种无法言喻的恐惧和寒冷。”(出自（谷崎润一郎《阴翳礼赞》)

过去的北山中川村并不是一个富裕的村庄。住在这里的人们小心翼翼地守护以及培育着山上的树木，清理地面生长的杂木，取柴烧炭，秋天捡松茸，与大山一起过着节俭的生活。

壁龛柱绝不可过于华丽。并且书画卷轴要竖着悬挂，还要灵活运用花朵来做装饰。而座敷则要保持小巧、质朴及亲近自然等建筑设计特点。

之所以人们喜欢选用北山杉来作为壁龛柱，或许也是因为北山杉营造了这样一种气氛。阳光透过拉门映射进屋内，在昏暗的光线中，隐约泛白的北山杉或许会让人不禁回忆起那个山间村落，那里的夏天夕阳西下，余晖尽染；那里的冬天细雪纷纷，漫天飞扬。

铭竹的由来

御池寅男

被称为“铭竹”的竹子，是指颜色、光泽、形状、材质都非常优良的竹子。

京都周围被竹林包围，土壤质地以及气候条件得天独厚，生长出优质的竹子。这些包围京都的竹子又被称作西山产铭竹、山城产铭竹和古都铭竹。近年来，它们通常被统称为京铭竹。

自古以来，日本人都很喜欢利用自己身边的竹子。无论是实际应用还是用作装饰，竹子都深受人们的喜爱，且被广泛运用。千利休追求“侘寂之美”，在创立茶道这一社会艺术形式时，竹林以一种朴素的形式被应用于数寄屋建筑材料以及道具中。当时竹子的使用方法为选取形状笔直的竹材，保存在阴凉处，干燥后加以使用。作为一种材料，真竹常被用作壁止、力竹、天花板竿缘等，孟宗竹被用于柱、檐沟、屋顶等，女竹被用于竹骨胎、天花板竿缘、窗户等，寒竹被用于窗户、天花板竿缘等，枯萎的胡麻竹被用于天花板竿缘、柱子、落挂、壁止等。不过，这些都是选取天然的竹材来使用的。

进入江户时代中期后，利用炭火的热量去除青竹的水分以及蜡脂，再将它放置在太阳光下曝晒，制作成白竹。这应该就是铭竹的起源。进入昭和以后，被称为铭竹的竹材的数量开始增加。正是在这一时期，通过诸如切割、削薄、竹编、贴物加工等技术对圆竹进行了各种改造。对于利用率较低的孟宗竹，通过在木质框架中培育竹笋使其成长为方形角竹，或是通过人工将其枯萎制作成胡麻竹。借由人为努力，为铭竹的大规模生产开辟了道路。随着经济的增长和时代的发展，铭竹的需求量逐渐增加，人们将铭竹投入日式旅馆、日式餐厅、采用数寄屋风格的普通住宅的使用中。

铭竹的制造方法

（一）图面角竹

在竹笋冒出地面之前，开始准备模板。模板是将长三四米、厚4分的杉木板材加工成L形，并将其组合成方形，每隔40厘米用绳子捆住。用绳子捆绑可以起到调整竹笋和模板粗细的作用。在竹笋生长到20～40厘米的时候罩上模板。为了防止模板倾倒，用塑料绳从3个方向拉紧，捆绑在周围的竹子上。模板的下面用竹楔紧固竹笋。当竹笋长到高出模板一两米时，松开拉紧的绳子，将模板向上移动。这是为了制作标准的尺寸的竹子，且防止竹笋长出模板的地方发生弯曲。随着竹子的不断生长，在长出竹枝后取下模板。在七月初至八月下旬，当竹子表面柔软时，于表面进行附着图案的作业。涂敷剂是将硫酸用水稀释两三倍，与黏土混合搅拌制成的药剂，用长竹竿绑上橡皮刷，将药剂涂抹至竹子表面，大约一周后表面就会浮现出斑纹。以这种方式制成的竹子被称为图面角竹。由于与普通竹子相比，图面角竹较弱，且抵抗力较差，长年累月，会因风吹而倒伏，或斑纹部位发生干裂，因此需在十月到十二月对一年生竹子进行砍伐。将砍伐的竹子切割成标准尺寸，切割后竖立两周左右，去除一定程度的水分，用水洗或者稻壳去除竹子表面附着的药液，用火进行脱油作业。进行脱油作业时，对形状不太好的竹子进行初次矫正作业。竹子脱油处理后，放在太阳光下晒10～12天。如果竹子日晒后还有弯曲，则再次用火进行二次矫正。图面角竹就此完成。

图面角竹的制造方法

1　每隔40厘米用绳子捆绑竹笋。

2　罩上模板。

3　用竹楔拧紧模板的根部。

(二) 胡麻竹 (斑竹)

为了不破坏竹林，将4年生以下的竹子留作母竹，用5～7年生的竹子制作胡麻竹 (斑竹)。但是角竹是用3年生竹子制作的。

制作方法是，在孟宗竹竹笋冒出地面前的二月上旬到四月上旬，将长梯架在竹子上，并从比标准尺寸稍长的部位进行切割。竹子顶端部位从竹节的正下方进行切割以便储存雨水。而且树枝也要全部剪掉。这种切割竹子的作业非常危险，需要作业员具有熟练的技巧。竹子经长时间放置后，自然枯干，直到当年秋天，霉菌会通过吸收糖分寄生在竹子的表面，形成黑色的斑点。胡麻竹 (斑竹) 的形成很大程度上取决于那一年的天气。梅雨时节有适当的降雨，夏天则会持续良好的天气 (也与温度、湿度有关)，九月份进入凉爽的秋季，让人感到些许寒冷，日本四季分明，因此胡麻竹才品质优越，且产量也非常高。

胡麻竹通常被用作数寄屋材料，在十二月底之前进行脱油 (用炭火烤)，制成产品后，使竹体变得相对坚硬、难以发生开裂。胡麻竹不需要日晒。形状不好的竹子在脱油时进行矫正。淡竹、真竹也是选取竹林中枯干的竹子，在竹表面形

4　取下模板。

5　用硫酸在竹表面附着图案。

6　水洗和去垢作业。

7　脱油。

8　矫正作业。矫正弯曲。

9　太阳光下曝晒干燥。

成胡麻一样的斑纹，砍伐后用与孟宗竹相同的方法制作。淡竹的胡麻竹竹竿上下粗度很细，竹节很低，形成的胡麻颜色呈白色，十分美丽。真竹的胡麻效果不好，且颜色很差。胡麻竹的最大特点就是糖分以及淀粉含量极少，不易受虫害。

脱油方法

脱油是为了更好地保存竹子，与以原竹状态保存相比，进一步提高竹表面的光泽度，且防止虫害、发霉、开裂。有湿式、干式两种方法。

（一）湿式脱油（热水脱油）

用真竹制作时，将真竹砍伐后切割成标准尺寸，虽然是根据粗细和季节而定，但基本上在三周到一个月的时间内除去水分。脱油方法是将水和苛性钠混合后的液体放入筒釜中，细竹煮沸5～7分钟，粗竹煮沸7～10分钟。取出竹材，用布仔细将蜡脂和水垢一起擦拭，然后放置在太阳光下曝晒。根据季节，冬季曝晒三周到一个月，春季则两周到三周。尽管该方法适合于大规模生产，但由于煮竹子时需要使用化学药品，因此存在脱油过量的倾向。目前，真竹基本上都是通过这一方法来进行脱油的，并且成品竹表面具有非常美丽的色

胡麻竹的制造作业

竹子切割作业　将孟宗竹以标准尺寸进行切割

剪枝作业　配合竹子切割作业一起进行

竹子的矫正作业

竹子的种类

真竹

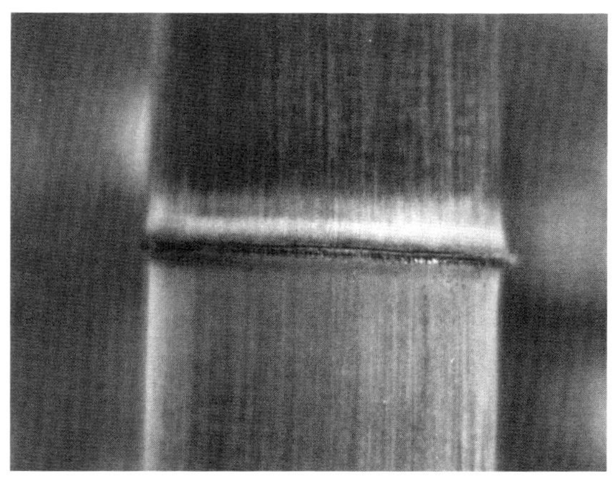

孟宗竹

龟甲竹

调以及光泽。但是使用这一方法进行脱油时，存在一些缺点，如容易使竹子失去黏性，且容易开裂。

（二）干式脱油（火脱油）

利用炭火、气体灯热量，使竹子的水分从内部蒸发，并使蜡脂渗出到竹表面。用布仔细擦拭掉渗出表面的蜡脂之后的作业与湿式脱油一样。过去是使用炭火来进行脱油，但是存在效率低、成本高，作业员劳动力（中途不能休息）等问题，现在除了特殊加工用品，很少采取这种措施。但是，炭火加工因为是从竹子的肉质整体中均匀地去除水分，因此仍具有竹子的黏性，且不容易开裂，也不容易发霉。为了能够达到与此相同的效果，即使是使用气体脱油的情况下，也要用文火慢慢加工，也能够获得接近同质的商品。

湿式脱油

1　进行煮沸。

2　进行擦拭。

3　太阳光下曝晒。

竹子的着色

绳卷作业　用绳子缠绕竹子后进行煮沸。

着色作业　在碱性染料中进行煮沸。

出锅　煮沸1～1.5小时后取出。

着色制竹方法

通过用染料、药物加热、涂料等对原竹中经过脱油及太阳光干燥的晒竹进行着色，使竹子更富有韵味，拥有更多的塑造性。目前正在使用的是具有年代感的煤竹色，并且已经成了数寄屋材料的主流。

（一）利用碱性染料着色（染竹、新染煤竹）

虽然不管是表皮部分还是肉质部分都可以着色，但是由于建筑用竹材是在保留表皮的情况下进行染色的，因此不会染到内部。这种方法虽然染色的效果很清晰，但是日光下容易脱色。要选用表皮没有伤痕的材料，如果竹子表皮有伤痕，染色后会非常显眼。

真空加压注入防虫处理方法

防虫处理设备

防虫处理后封条

防虫处理作业

染料通常有酸性染料、直接染料和碱性染料3种。

竹材一般使用碱性染料。有各种各样的颜色，但是作为建筑用铭竹被商业化的颜色有紫色（染竹）和红褐色（新染煤竹）这两种。染色方法为，将晒竹放入混合热水和碱性燃料的锅中，煮沸约一小时至一个半小时来为竹子染色。在绳卷染竹中，将绳子缠绕在竹子表面后，只有被缠绕的部位不会被染色，颜色发白，形成绳纹团。通过水煮竹子，进一步减少竹子的油化，会导致黏性降低，材质劣化。为了防止这种情况的发生，人们制作了一种新的染色竹子，在竹表面用特殊图层进行保护，从而防止开裂，但这并不能完全避免开裂。

（二）用火加热着色

本煤竹　用作茅草屋屋顶的天花板以及房屋顶层等的竹材经过地炉、炉灶柴火的熏烤，被烟灰浸透，表面形成自然且具有时代色彩的红褐色。经过一两百年的岁月洗礼，年复一年的炭火熏陶，竹子表面沾满了煤焦油，用稻谷壳进行打磨，随后用火进行矫正的同时将表面附着的煤焦油擦净。通过这样的处理，竹子表面更加具有光泽。由于本煤竹经过了漫长岁月，早已自然干燥，因此不易开裂，也很少翘曲。

人造煤竹　随着茅草屋顶的减少，本煤竹也日渐稀少，因此人们发明了一种能够在短时间内制造出来的接近于本煤竹的商品。把炭窑分为燃烧室和烟熏室，将晒竹放入烟熏室内，连续熏烤两周左右的时间后，煤焦油逐渐渗透至竹子表面以及肉质部分。用一周左右的时间进行自然冷却。取出竹子后，在热水中放入一些盐，清洗竹表面附着的烟灰，进行脱油矫正作业，经过这一系列的处理后，竹子表面的光泽度得到了改善，且不易开裂，也不易遭受虫害。

（三）碳化着色

碳化煤竹　经过高温（约150摄氏度）、高压处理后，竹材变成深棕色。长尺寸的圆竹加工虽然不太容易，但是如果将竹子切割后进行加工，可以就此开发各种建筑方面的用途，也不用担心虫害和发霉。

铭竹的种类

日本现有竹子有13属、200多种，而且很难区分。目前用作数寄屋材料的竹子以刚竹属为主，分为刚竹属、寒竹、矢竹属、女竹属这4种。还有其他特殊的竹子，是由煤竹或各种竹子突变而成的珍贵竹子。关于铭竹的名称，有一些原封不动使用原竹的学名，同时也有一些将原竹进行二次、三次加工后，以商品名面世的。现在，被称为铭竹的种类有四五十种，如附表所示。

铭竹的三害对策

使用自然竹材时，根据该竹材的特点，最好是采取适材适所的方式。此外还要看清该竹材的优点和缺点，使用时尽量去弥补短处。

竹子的优点在于其表面坚硬，且其表皮颜色以及竹节体现出一种“侘寂之美”，很有数寄屋材料的韵味。竹子的缺点就是虫害、发霉、开裂，这三点被称为竹之三害。在竹林行业中，这三害是永远的课题。在当今技术不断革新的时代，如果不去采取措施而选择忽视这三害，就会导致竹制建材的减少，甚至也让从古至今已渗透到日本人文生活中的竹子逐渐淡出人们的生活，那么这将会是一件非常令人遗憾的事情。目前，竹林行业正在不断进行研究，向攻克竹之三害的方向前进。以下对竹之三害进行了叙述。

（一）关于防虫

在日本，一般竹材上滋生出的虫子如附表所示，共有5种。目前来说，主要是竹虎天牛、竹长蠹虫这两种。此类昆虫以竹材的淀粉质为食，因此一般是在十月到十一月砍伐竹材，这一时期同化作用降低，竹竿中的淀粉质很少，因此也减少了虫害。保护竹子不受虫害的基本是规定砍伐时期，禁止砍伐一年生幼竹，但是根据竹材的种类和用途却很难贯彻实施。因此，通过进行药剂浸渍处理、煤烟处理、碳化处理来防虫害。处理方法根据铭竹的种类而不同，而考虑到安全性、可靠性以及变色，目前真空加压注入处理正在逐渐被普及。

将竹材放入注药罐中，倒满药液。将注药管内空气抽空，并将竹材内的空气排出。随后给竹材加压，从而使药液渗透到竹材中。放掉注药罐内的药液，取出竹材使其干燥。通过这一处理方式，可以将药物充分注入长尺寸竹和短尺寸竹内。

目前所使用的药剂是水溶性的，其主要成分是通过将新型低毒性有机氮化合物添加到常用于柳安材的硼基化合物而获得的。

该药剂的特点如下：

1. 对人和动物毒性很低，安全性很高。
2. 对表中所列竹材的虫害极为有效。
3. 由于该药剂药效稳定，因此疗效持久。
4. 无色透明，不用担心竹材会被着色。
5. 几乎没有药味。

以上列举了其5个特点，不过这种药剂才被开发不久，还需要观察今后的实绩。

（二）关于霉菌

霉菌包括青霉属、曲霉属、毛霉属、根霉等。当竹林在含水量为30%以上，室温为20～30摄氏度，湿度为90%～100%的状态下非常容易滋生霉菌。为了防止发霉，可以通过脱油、涂装、干燥、漂白等物理方式，也可以通过药剂处理。目前采取的药剂处理是通过在浸渍、真空加压注入时加入防霉剂，以此达到部分防止的效果。想要彻底防止霉菌，也可以通过药剂处理的方式，但是因为药剂具有毒性而伴有危险性。重要的是如果竹子发霉，必须在青霉菌这一时点进行干燥处理后擦掉霉菌，在保存时，将其保存在上述不容易发霉的场所。

（三）关于开裂

当竹材处于干燥状态下，肉质部位的内部和外部的水分减少，由此导致收缩率不平衡，从而引起了竹材的开裂。而且，根据竹材的质量、年数、加工处理方法、种类、储存方法、使用场所等不同而存在很大的差异。根据竹材的种类，经过煤烟处理或碳化处理后的竹材不易开裂。其中脱油的干式方法用文火慢慢加工，其效果是最好的。竹材以一到三年生的幼竹为最佳。储存和使用场所最好避开温度、湿度、风等环境变化剧烈的地方。如果所储存的竹材开裂，或是对竹材进行切割加工，或是选择可以使用的地方进行使用，这样才能很好地处理竹材，同时也能够开发更多的用途。

铭竹的施工处理方法

（一）竹子竹尖与竹根的区分方法

将竹材用于建筑时，也需要取决于安装位置，尤其将竹材立起使用时。从很久以前，人们往往喜欢以原竹来表现庄严站立的原貌。辨别竹材上下的最简单的一个方式就是用手触摸竹材，如果竹节部位有钩挂的感觉则称为正节，竹子是从竹根至竹尖的；与此相反，如果没有钩挂的感觉则为逆节。除该方法外，还有通过以下方法来辨别长竹材的竹尖与竹根：

1.竹节长度差异　下部较短，上部较长，顶端部位较短。

2.内部厚度差异　下部较厚，上部较薄。

3.粗细的差异　下部较粗，上部较细。

4.竹节部位的芽沟（竹竿上的纵向凹沟）位置　越向上部方向，芽沟、树枝越容易从竹节部位长出。

竹子的虫害

<table>
<tr><td colspan="2">名称</td><td>竹虎天牛</td><td>丁美式红天牛</td><td>竹长蠹</td><td>日本竹长蠹</td><td>褐粉蠹</td></tr>
<tr><td colspan="2">成虫形态</td><td></td><td></td><td></td><td></td><td></td></tr>
<tr><td rowspan="2">体长</td><td>成虫</td><td>13mm左右</td><td>17mm左右</td><td>2.5～3.5mm</td><td>3.0～3.8mm</td><td>2.2～7mm</td></tr>
<tr><td>幼虫</td><td>20mm左右</td><td>28mm左右</td><td>4mm</td><td></td><td></td></tr>
<tr><td colspan="2">成虫出现时间</td><td>5月至8月</td><td>5月</td><td>4月至8月
（5月中旬至6月中旬出现最多）</td><td>5月下旬至7月下旬</td><td>3月至8月
（5月至6月出现最多）</td></tr>
<tr><td colspan="2">成虫的一生</td><td colspan="2">以初期成虫形态越冬，次年春天5月蛹化后变为成虫</td><td colspan="3">如果湿度达到高温状态，则年中蛹化</td></tr>
<tr><td colspan="2">产卵场所</td><td>竹节・伤痕处</td><td>多见于切口・裂纹・竹林中</td><td colspan="3">竹材的导管内</td></tr>
<tr><td colspan="2">易侵害竹材</td><td>干燥竹材</td><td>潮湿处</td><td colspan="2">喜好含水率在20%左右的竹材</td><td>喜好含水率在16%左右的竹材</td></tr>
<tr><td colspan="2">虫孔状况</td><td colspan="2">大孔</td><td colspan="3">小孔</td></tr>
<tr><td colspan="2">害虫的食性</td><td colspan="2">①吃淀粉质。
②适合繁殖的温度在15摄氏度至30摄氏度，营养成分越高越好
③幼虫蛀食竹材
④成虫向外钻蛀竹材</td><td colspan="3">①吃淀粉质。
②适合繁殖的温度在15摄氏度至30摄氏度，营养成分越高越好
③幼虫蛀食竹材，积攒蛀粉
④成虫蛀食竹材，向外排出蛀粉</td></tr>
</table>

5.竹节形状 如上所述。

［孟宗竹——单层竹节　其他（真竹、破竹等）——双层竹节］考虑到上述内容，处理竹材时必须非常小心，以防止由于安装位置而导致逆向竹节，这也可以说是“活用竹材”的根本。

（二）竹子外观的辨别方法

使竹材看起来笔直的窍门是将芽沟部位朝向正面。通常建筑用的竹材从整体上看呈直线状，要进行各处竹节的矫正，同时也要对竹节间距进行简单的矫正。如果将芽沟做成横向形状，那么就会变成锯齿形，看起来一点也不美观。将竹子切成两半时，最好将芽沟朝上，水平进行切割。

竹子加工注意事项

（一）为了防止最终的切面开裂，要进行旋切。

（二）竹材用于水屋中的板条式地板外廊、防雨板外的窄廊时，将竹根端口部位作为塞木节孔，竹尖与竹根交替排列使用。这也可以防止肉薄的竹根端口开裂。

结语

在本节中，我们只是对现在所使用的铭竹的制造进行了简单的介绍，将铭竹的名称系统（原竹名、俗名、行业名）进行了整理，并且附上了尺寸、用途以及特点，详细请见下表。

竹子被广泛用于数寄屋建筑等，但是符合目前实际情况的资料很少。在下一页的表中，我将我从在竹林行业从业的这17年以来的实际经验中所获得的知识进行了总结。

目前竹林行业正在齐心致力于解决虫害问题。我希望能够进一步加深对竹子的理解，能够将竹子更加灵活地运用于生活中。

竹材总览

分类		学名	俗名	行业名		制造方法				生产·尺寸	用途	特点
类	属			正式名称	通常名称	砍伐时期	砍伐年数	加工处理	染色方法			
竹	刚竹属	毛竹（孟宗竹）	湖南竹（楠竹）	孟宗晒丸竹	孟宗晒竹	10月至11月	3年至4年生	干式脱油 太阳光下干燥		直径2.5～5寸 长13～15尺 直径2.4寸以下很少	落挂·壁龛柱·花器·茶器	①竹节间距较短 ②单层竹节 ③肉厚 ④竹尖口、竹根口粗细有差异
				孟宗胡麻丸竹	胡麻竹（斑竹）	11月至翌年月	1年生	干式脱油		直径2.5～5寸 长13～18尺 直径2.4寸以下很少	和室装修木材用·贴物制品·落挂·壁龛柱·壁龛框·壁面·腰板	①～④同孟宗晒竹 ⑤极少有虫害 ⑥较粗的竹材可用于贴物制品
				孟宗图面丸竹	图面竹	10月下旬至12月下旬	1年生	干式脱油 太阳光下干燥		直径2～5寸 长13～18尺 直径2.4寸以下很少		①～④同孟宗晒竹 ⑤容易遭受虫害。需要进行防虫加工 ⑥较粗的竹材可用于贴物制品
				孟宗本煤丸竹	孟宗煤竹			用稻谷壳打磨 干式脱油 矫正		直径2.5～3.5寸 长13～15尺 无制品	脊檩·落挂·壁龛柱	①～④同孟宗晒竹 ⑤很少会被虫害
				孟宗人造煤丸竹	孟宗人造煤竹	10月至11月	3年至4年生	干式脱油 太阳光下干燥	人工煤烟处理	直径2.5～4寸 长13～15尺		①～④同孟宗晒竹 ⑤无虫害 ⑥接近本煤竹的光泽度以及天然感 ⑦不易开裂
				孟宗新染煤丸竹	孟宗新染煤竹	10月至11月	3年至4年生		碱性染料 煮沸处理	直径2.5～4寸 长13～15尺		①～④同孟宗晒竹 ⑤长时间在太阳光下会褪色 ⑥与本煤竹相比太漂亮了，反而失去了“侘”的韵味
				孟宗图面曲竹	图面曲竹	10月下旬至12月上旬	1年生			直径2.5～3.5寸 长10～13尺	辅助支柱·栏杆	①～④同孟宗晒竹
				孟宗晒角竹	晒角竹					直径3～3.5寸 长13～15尺 直径2.5寸以下很少 整体生产量较低	落挂·壁龛柱·脊檩·装饰柱	①～④同孟宗晒竹
				孟宗晒平竹	晒平竹 晒小判竹 晒大判竹					直径2.3～4寸 长13～15尺 直径2.5寸以下和3.5以上很少 整体生产量较低	落挂·幕板·装饰柱	
				孟宗胡麻角竹（孟宗斑纹角竹）	胡麻角竹（斑纹角竹）	10月下旬至12月	3年生	干式脱油		直径2.3～4寸 长13～15尺 直径2.5寸以下和3.5以上很少 整体生产量较低	落挂·壁龛柱	①～④同孟宗晒竹 ④极少有虫害
				孟宗图面角竹	图面角竹						落挂·幕板	
				孟宗图面角竹	图面角竹	10月下旬至12月上旬	1年生	干式脱油 太阳光下干燥		直径1.5～4.5寸 长13～18尺 直径2寸以下和4以上很少 长16尺的生产量较低	落挂·壁龛柱·脊檩·装饰柱·百叶窗	①～③同孟宗晒竹
				孟宗图面角竹 天然弯曲	图面角竹 天然弯曲					直径2.5～3.5寸 长13尺 几乎没有生产	落挂·壁龛柱	
				孟宗图面平竹	图面平竹（图面小判竹 图面大判竹）					直径2～6寸长13～15尺 直径5寸以上极少	落挂·幕板 壁龛框·装饰柱	
				孟宗图面三角竹	图面三角竹					直径2.5～3寸 长13～15尺 几乎没有生产	落挂·装饰柱	
				孟宗图面六角竹	图面六角竹					直径4～4.5寸 长13～15尺 几乎没有生产	装饰柱	
				孟宗图面曲竹（孟宗图面　夫妻竹）	图面曲竹（图面夫妻竹）					直径2.5～3.5寸 长13～15尺 有根 几乎没有生产		
				孟宗人造煤角竹	人造煤角竹				人工煤烟处理	直径2.3～3.5寸 长3尺 生产较少	落挂·壁龛柱	①～③同孟宗晒竹 ④很少会被虫害
				孟宗人造煤平竹	人造煤平竹					直径2.3～4寸 长3尺 生产较少	落挂	

分类		学名	俗名	行业名		制造方法				生产·尺寸	用途	特点
类	属			正式名称	通常名称	砍伐时期	砍伐年数	加工处理	染色方法			
竹	刚竹属	毛竹（孟宗竹）	湖南竹（楠竹）	孟宗新染煤角竹	新染煤角竹	10月下旬至12月上旬	1年生		碱性染料 煮沸处理	直径2.5～3.5寸 长13～15尺 生产较少	落挂·壁龛柱	①～③同孟宗晒竹
				孟宗新染煤平竹	新染煤平竹					直径2.5～6寸 长13～15尺 生产较少	落挂·幕板	
		龟甲竹	佛面竹	晒龟甲竹	龟甲竹	10月至11月	3年至4年生			直径1.5～4寸 长8～13尺 直径1.3寸以下或4寸以上很少	窗·落挂·壁龛柱·装饰柱·辅助支柱	①竹节间呈现龟甲形状 ②不易开裂 ③竹尖与竹根粗度差异很大
				胡麻龟甲竹（斑纹龟甲竹）	胡麻龟甲竹（斑纹龟甲竹）	10月至12月	5年至6年生	干式脱油		直径1.5～4寸 长8～13尺 直径1.3寸以下或4寸以上很少 极少生产		①～③同龟甲竹 ④不受虫害
				人造煤龟甲竹	人造煤龟甲竹	10月至11月	3年至4年生	干式脱油 太阳光下干燥	人工煤烟处理			
				新染煤龟甲竹	新染煤龟甲竹				碱性染料 煮沸处理			①～③同孟宗晒竹
		淡竹	水竹	淡竹图面角竹	淡竹图面角竹	11月至12月	一年生			直径1.3～2.5寸	装饰柱·椽子	①易开裂 ②因为竹身呈白色，因此图面很浓
				淡竹胡麻竹（淡竹斑竹）	淡竹胡麻竹（淡竹斑竹）	10月至12月	在通过自然枯萎生出胡麻时进行砍伐	干式脱油		直径0.5～2寸 长6～13尺 较少生产	天花板竿缘·壁止·棚·棚吊柜·脊檩·墙面	①胡麻竹中最美的竹子 ②几乎不受虫害
		云纹竹	丹波斑竹 斑竹	纹竹（斑竹）	纹竹（斑竹）	10月下旬至12月上旬	2年至3年生	干式脱油 太阳光下干燥		直径0.2～1.2寸 长6.5尺 直径0.8～2.5寸 长13～15尺 直径0.8寸以下的细竹较少	落挂·壁止·装饰柱	①从第一年秋天开始呈现出云一样的团，第二年左右呈现出美丽的斑纹 ②由淡竹变化而成
		黑竹	名紫竹、乌竹，散生竹	黑竹	黑竹	10月至12月	2年生	干式脱油		直径0.2～1.2寸 长6.5尺 直径0.5～1寸 长10尺 直径0.8～2.5寸 长13～15尺		①从第一年秋天开始出现黑色的斑纹，第二年变成全黑 ②由淡竹变化而成
		土佐虎斑竹		虎斑竹	虎斑竹					直径0.6～1寸 长6.5尺 很少有直径0.5寸以下的细竹	围墙	①由淡竹变化而成 ②进行脱油出来后，无须在太阳光下干燥 ③第一年秋天左右呈现出浅茶色的斑纹，第二年左右变成茶黑相见的黄斑
		苦竹·真竹	唐竹·苦竹·男竹	真竹晒竹（真竹白竹）	晒竹（白竹）	9月下旬至12月	3年至4年生	湿式脱油 干式脱油 太阳光下干燥		直径0.3～1.2寸 长6.5尺 直径0.6～1.2寸 长10尺 很少有直径0.5寸以下的细竹	壁止·墙面·椽子·腰板·天花板竿缘·脊檩·止门器·天花板	①生产主要以湿式脱油为主 ②粗竹生产如用干式脱油，则容易开裂 ③节间距较长 ④材质坚硬有光泽
				浸染竹	浸染竹			干式脱油 太阳光下干燥		直径1～2.5寸 长13～15尺 极少生产	落挂·茶器用	①常出现于竹子开花时期 ②从根部到竹尖常形成黑色的晕染，具有侘寂之美
				带芽晒竹（带芽白竹）	带芽晒竹（带芽白竹）			湿式脱油 干式脱油 太阳光下干燥		直径0.6～2.5寸 长6～15尺 极少生产	椽子·装饰椽子·力竹	①湿式脱油处理后非常容易开裂，因此现在基本是以干式脱油为主进行生产。 ②竹尖与竹根的粗度差异较大，各竹节长有树枝
				真竹煤煤竹	煤竹			稻谷壳打磨 干式脱油 矫正	长期屋内 自然煤烟	直径0.5～1.3寸 长6～18尺 极少生产	落挂·墙面·壁止·棚吊柜·地板端部·天花板竿缘	①随着茅草屋顶的使用减少，该竹材也日渐稀少 ②不用担心受虫害 ③具有光泽
				真竹绳卷本煤竹	绳卷染竹					直径0.6～1寸 长6～13尺 极少	棚吊柜·天花板竿缘·壁止	
				染竹	染竹	9月下旬至12月	3年至4年生	湿式脱油 太阳光下干燥	碱性染料 煮沸处理	直径0.5～1寸 长6～13尺 极少生产	天花板·棚吊柜·天花板竿缘	①虽然不管尺寸如何，都能够加工成晒竹，但考虑开裂问题，一般以细竹为主 ②阳光曝晒后容易褪色 ③只竹表皮着色
				绳卷染竹	绳卷染竹			湿式脱油 干式脱油 太阳光下干燥				①～③同寒竹 ④绳纹花纹十分美丽

分类		学名	俗名	行业名		制造方法				生产·尺寸	用途	特点
类	属			正式名称	通常名称	砍伐时期	砍伐年数	加工处理	染色方法			
竹	刚竹属	苦竹·真竹	唐竹·苦竹·男竹	真竹新染煤竹	新染煤竹	9月下旬至12月	3年～4年生	湿式脱油 干式脱油 太阳光下干燥	碱性染料 煮沸处理	直径0.3～3寸 长6～15尺 较少生产	落挂·墙面·壁止·天花板竿缘	①通过加工，与本煤竹颜色相近 ②作为替代木材，任何尺寸都可以进行加工 ③只有竹子表皮着色
				真竹绳卷新染煤竹	绳卷新染煤竹			干式脱油 太阳光下干燥	人工煤烟处理	直径0.3～3寸 长6～15尺 较少生产		①与本煤竹相比，光泽略差 ②不仅只有竹子表皮着色，内部也有轻微染色 ③不受虫害
				真竹胡麻竹（真竹斑竹）	真竹胡麻竹（真竹斑竹）	10月至12月	在通过自然枯萎生出胡麻时进行砍伐	干式脱油		直径0.3～3寸 长6～15尺 极少生产	壁止·竿缘·椽子	①与孟宗竹、淡竹相比，胡麻品质不是很好 ②几乎不受虫害
		金明竹		金明本煤竹	金明煤竹			稻谷壳打磨 干式脱油 矫正	长期屋内 自然煤烟	直径0.5～1寸 长6～13尺 极少生产	装饰窗·小舞·竿缘·笔	①煤竹中最美竹材 ②不用担心受虫害
		皱竹		皱竹	皱竹	11月至12月	2年至3年生	干式脱油 太阳光下干燥		直径1～2寸 长6～13尺 几乎不生产	落挂·墙面·壁止·辅助支柱·茶器	①不易开裂 ②最具有侘寂之美的竹材
		布袋竹	五三竹·吴竹	布袋晒竹（布袋白竹）	布袋晒竹（布袋白竹）	9月至12月	3年至5年生	干式脱油 太阳光下干燥		直径0.6～1寸 长6.5尺 较少生产	窗户·棚吊柜	①竹根易脱落 ②各竹节间膨胀，导致会像布袋一样膨胀
小竹	寒竹属	寒竹	茂草竹	寒竹	寒竹	1月至2月	2年至3年生	背阴处 自然干燥		直径0.2～0.6寸 长5～15尺 几乎没有直径0.2寸以下竹材	下地窗·小舞·嵌板用	①表皮容易变色 ②竹节间距短 ③竹材无黏性 ④具有具有侘寂之美
	女竹属	女竹	女竹·河竹·小舞竹·篠部竹	女竹	女竹 清水竹 忍竹 篠竹	11月末至12月	全部采伐	细沙打磨 太阳光下干燥		直径0.2～0.9寸 长6～13尺 极少有直径0.9寸以上竹材	下地窗·小舞·嵌板·天花板·墙面	①竹节间距长 ②竹节第 ③材质柔软
				女竹本煤竹	女竹本煤竹			稻谷壳打磨 干式脱油	长期屋内 自然煤烟	直径0.3～0.8寸 长6～13尺 极少生产	板条式地板外廊天花板	①如果对竹材的弯曲进行矫正，则会导致煤竹表皮脱落，因此最好保持原态使用
				女竹染竹	女竹染竹	11月末至12月	全部采伐	细沙打磨 太阳光下干燥	碱性染料 煮沸处理	直径0.3～0.8 长6～13尺 几乎不生产	下地窗·天花板·墙面	①材质柔软，因此容易染色
				女竹新染煤竹	女竹新染煤竹							
	矢竹属	伊予簾	伊予簾	伊予簾	伊予簾	12月至翌年2月	一年生 （每年砍伐）	太阳光下干燥		直径0.02～0.05寸 长2～6尺 较少生产	竹帘·夏季用门、窗、拉门、隔扇等设备	①因其长度较短，因此用竹篾加长尺寸 ②直径小，竹节间距短
		矢竹	箭竹、篠竹	矢竹	矢竹	10月至11月	2年生 （全部采伐）	细沙打磨 太阳光下干燥		直径0.3～0.5寸 长6～10尺 几乎不生产	下地窗·箭·小舞	①竹节较低 ②竹节间距较长 ③横断面呈正圆形 ④竹竿肌理细腻，富有光泽
		矢竹	箭竹、篠竹	矢竹本煤竹	矢竹煤竹			稻谷壳打磨 干式脱油 矫正	长期屋内 自然煤烟		小舞·下地窗	①不受虫害
				矢竹人造煤竹	矢竹人造煤竹	10月至11月	2年生	细沙打磨 太阳光下干燥	人工煤烟处理	直径0.3～0.6寸 长6～10尺	下地窗·嵌板·小舞	①人工煤竹中最接近本煤竹的工艺 ②几乎不受虫害
				烧矢竹	烧矢竹				烧制染色	直径0.3寸 长6～8尺	小舞·下地窗·盲窗（假窗）	①对竹表皮进行烧制，表面脱落后，用木贼等进行打磨 ②光泽中凸显出一种古朴的韵味
	熊笹竹	根曲竹	千岛笹	山白竹	山白竹	8月至9月	全部采伐			直径0.3～0.6寸 长6～8尺	装饰窗·花器·茶器	①原竹底部呈弓形弯曲 ②具有光泽 ③有黏性 ④易于切割加工
				山白人造煤竹	山白人造煤竹				人工煤烟处理			①较少受虫害
				山白新染煤竹	山白新染煤竹				碱性染料 煮沸处理			
				山白本煤竹	山白本煤竹		稻谷壳打磨 干式脱油 矫正	稻谷壳打磨 干式脱油 矫正	长期屋内 自然煤烟			①较少受虫害

铭木的应用范例

表千家松风楼

松风楼壁龛结构　赤松木

松风楼天花板　杉木　中纹（板的中心部分为平纹，两边为直纹）

松风楼琵琶台　顶板　黑松木

左页图=松风楼床胁（壁龛旁边）　杉木面皮小圆木

冈部邸

座敷壁龛结构　杉木四方柱
右页图=座敷床胁　榉木

从座敷看向茶室　茶室壁龛柱　赤松带皮　壁龛框　北山天然褶皱型圆木　落挂　杉木

茶室西侧　客人入口柱子　杉木圆木以及桧木圆木
右页图=七叠榻榻米房间的壁龛和茶道口　壁龛柱　档圆木　赤松带皮

便门入口正面　中间走廊窗户

便门中间走廊窗户　赤松带皮鼓形材

阳明文库虎山庄

玄关外观

玄关内部　通过玄关的榻榻米房间望向中间走廊

玄关榻榻米房间南侧

客室壁龛结构　壁龛柱　北山天然褶皱型圆木

客室北侧平书院　空心板　桐木

客室天花板　天花板　雾岛杉木板

客室南侧入口处　长押　北山杉面皮
左页图=客室壁龛和附书院　落挂　桐木

客室外间壁龛正面　单层搁板　生漆润色蜡色涂饰

客室外间壁龛　亮窗　晒竹配漆面横木
左页图=客室外间隔扇　楣窗　桐木

内客厅壁龛结构　壁龛里柱　黑漆涂饰

内客厅南侧土间席　走廊地板　赤松中纹

右页图＝茶室滴庵壁龛结构　壁龛柱　松木（兴福寺古材）

寝室壁龛结构　壁龛柱　档圆木

寝室西侧壁橱　衣柜　桐木

寝室外间隔扇　楣窗　桐木直木纹板

寝室外间　水屋柱　百日红

设计图详解

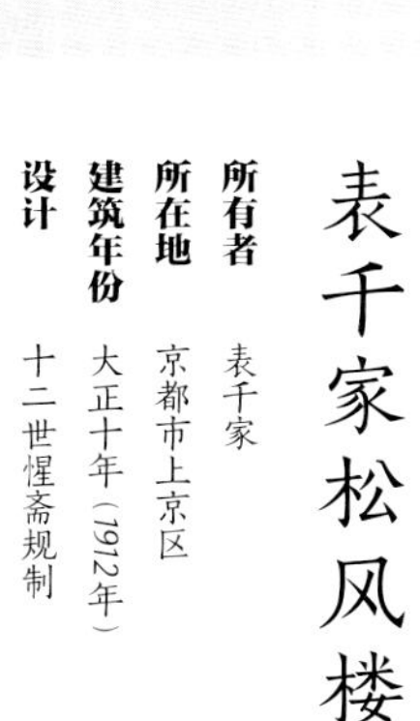

表千家松风楼

所有者 表千家
所在地 京都市上京区
建筑年份 大正十年（1912年）
设计 十二世惺斋规制

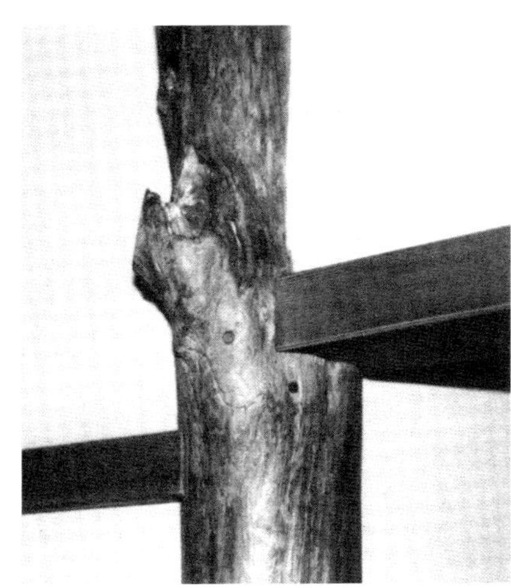

从床之间看躏口

松风楼是在大正十年（1912年）根据惺斋的规制所建造的茶道教室。可以从正门西侧的便门进入，或从茶室院门进入。

座敷铺有八叠，以一间大小的壁龛为中心，右侧设有琵琶台和平书院，这与如心斋流行的八叠榻榻米有相通之处。

由于壁龛结构中省去了相手柱，因此总给人带来一种不稳定的感觉，因此为了增添沉稳感，壁龛柱选用了赤松，体现出细致入微的设计以及用材之妙。

壁龛柱　赤松圆木

相手柱　杉木　抛光圆木

落挂　杉木　正面为直纹

壁龛框　溜漆涂覆

壁龛天花板　杉木木纹板

琵琶台短柱　桐木直木纹板

琵琶台顶板　松木木纹板

床胁顶板　日本香柏野根板竹栅

座敷天花板　杉木中木纹板　叠瓦式

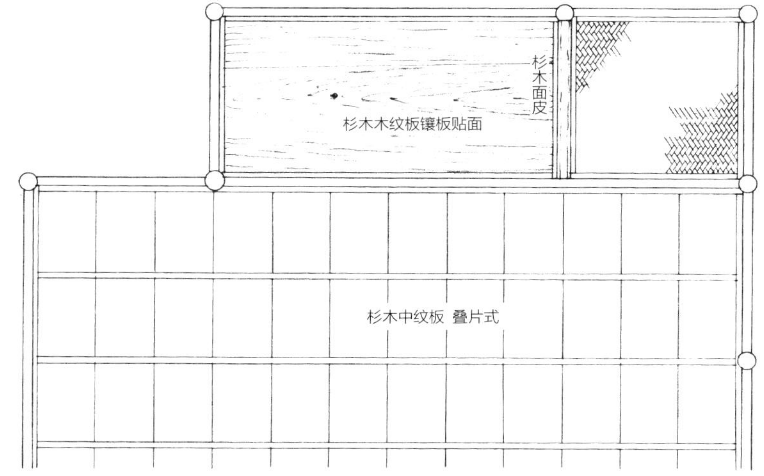

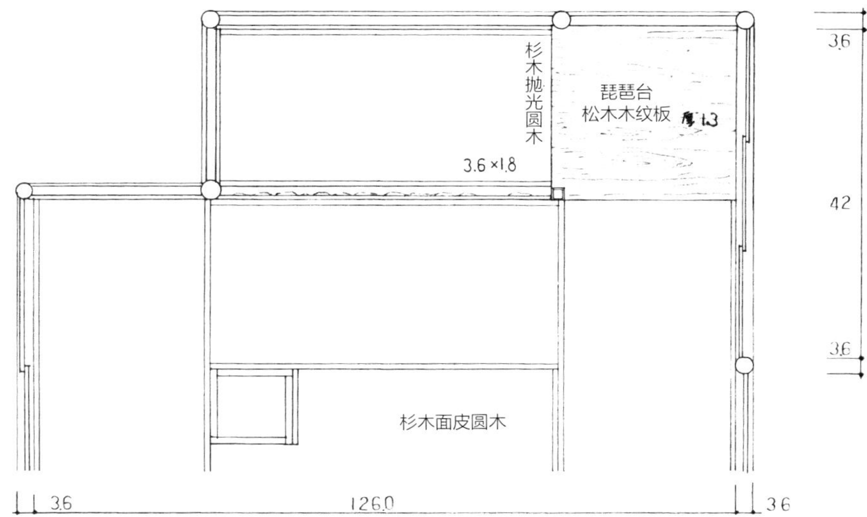

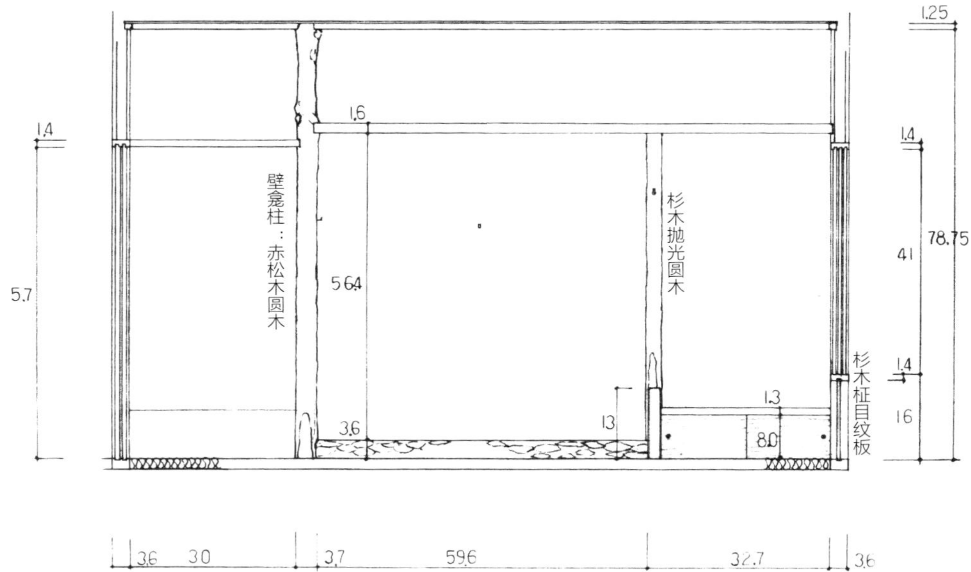

松风楼壁龛正面・平面・天花板

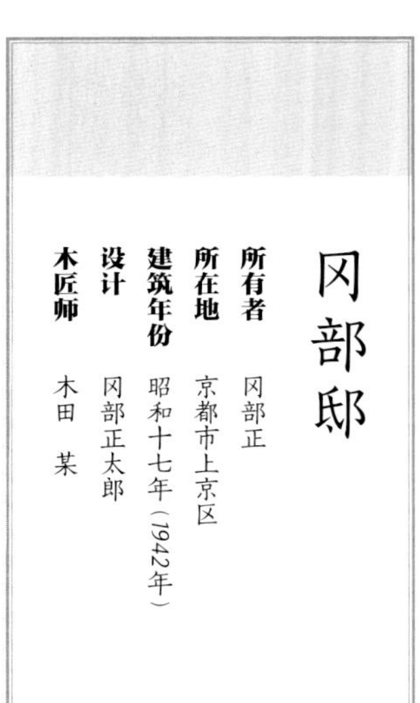

本宅位于江户时代后期的儒家皆川淇园的道场弘道馆。现在的建筑应该是明治末期到大正初期所建造的，昭和十三年（1938年），被前任主人冈部正太郎购入。七叠榻榻米是表千家啐啄斋规制的经典造型。

现在的茶室是在昭和十七年（1942年）由正太郎先生拆掉了两间六叠榻榻米大小的房间改造而成的。正太郎先生爱好茶道，是一位以修缮房屋为乐趣的风流人士。所用的材料都经过了精挑细选，其搭配和设计质量极高，为内行人所喜爱。它与古老的铺面房相连，完美地融为一体。

座敷

壁龛柱　杉木四方柾

落挂　杉木见付柾

壁龛框　生漆　黑蜡色涂饰

壁龛天花板　杉木木纹板

琵琶台顶板　榉木木纹板（拭漆）

附书院桌板　桑　木木纹板

床胁天花板　桐木竹栅

附书院天花板　杉木面皮

长押　杉木面皮

座敷东侧楣窗　桐木直纹板

座敷天花板　杉木中纹板（叠瓦式）

竿缘　杉木

座敷柱　铁杉木角柱

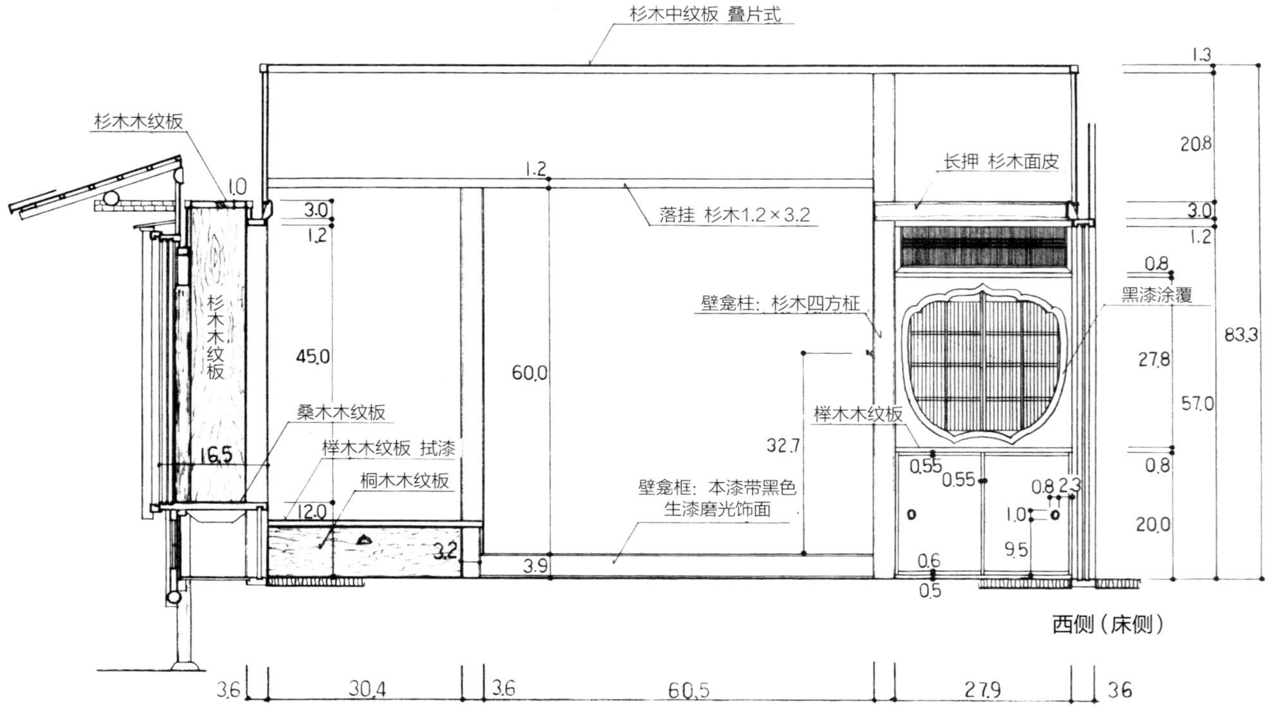

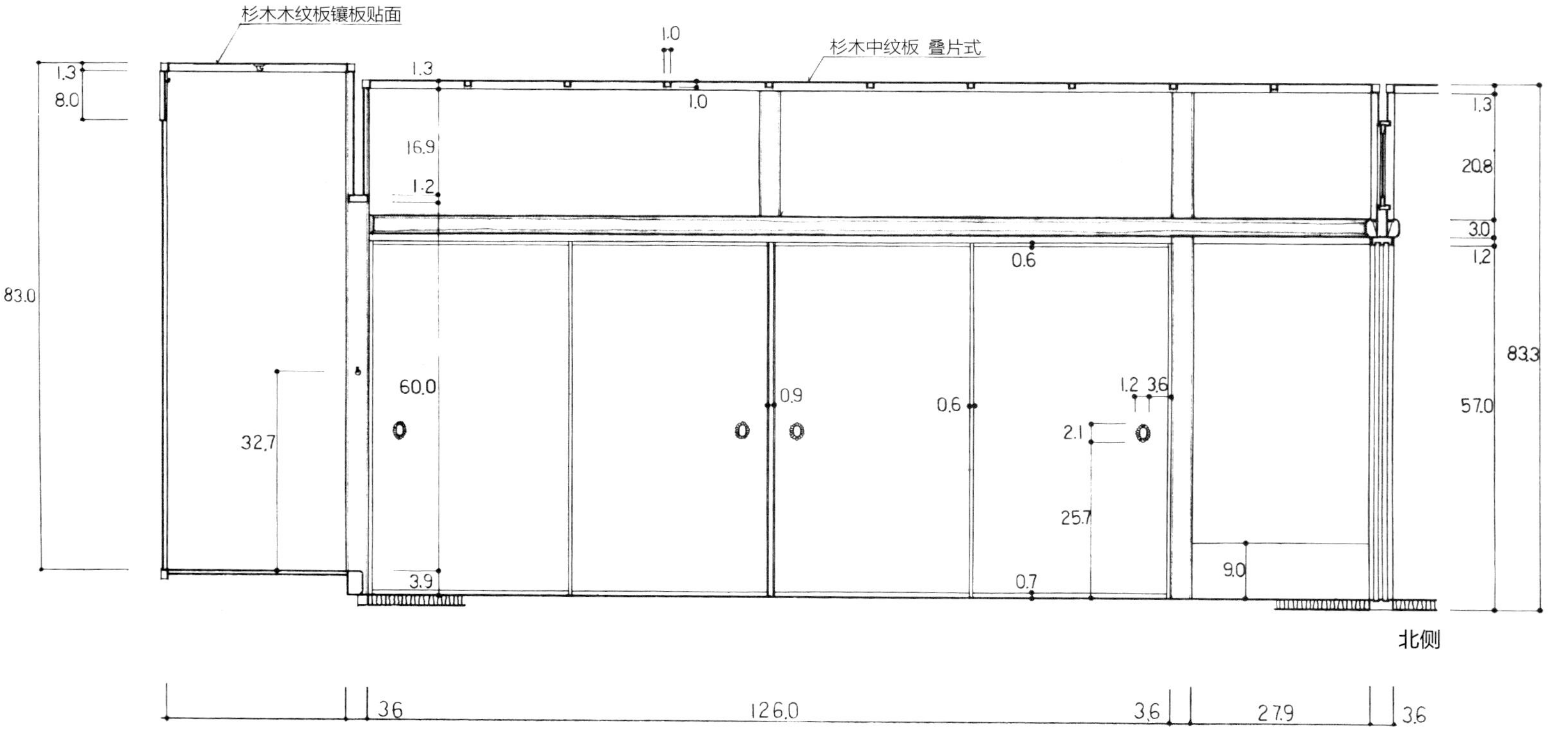

西侧（床侧）

北侧

冈部邸　实测图

茶室

壁龛柱　赤松带皮

相手柱　旧化圆木

落挂　杉木见付柾

壁龛框　北山天然褶皱型圆木

七叠榻榻米大小房间

壁龛柱　档圆木

相手柱　赤松带皮

壁龛框　北山凹式节圆木

玄关、便门附近外观

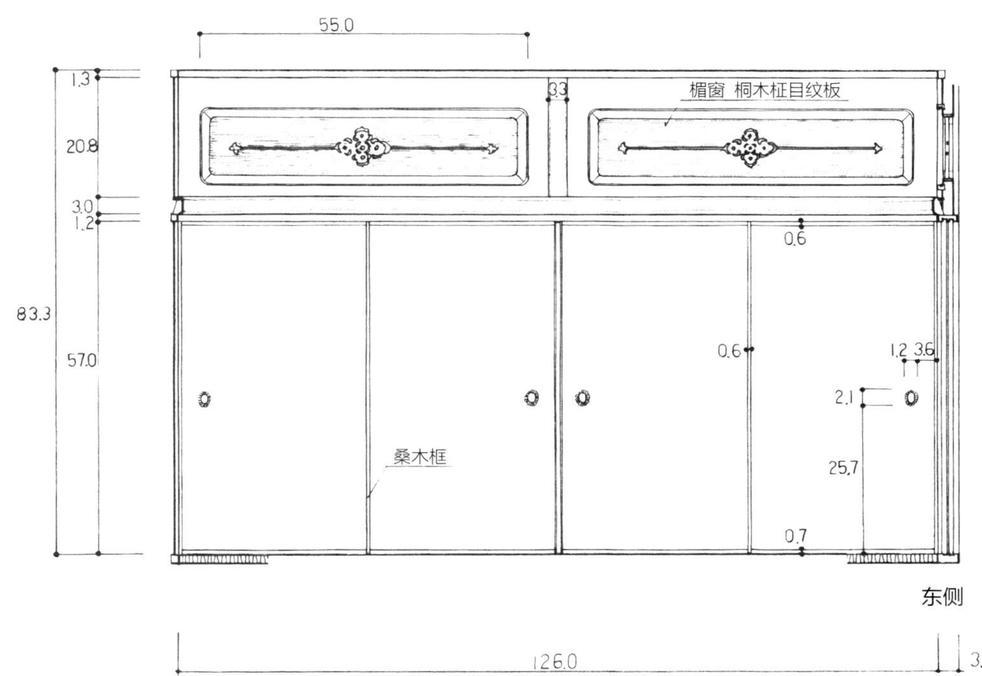

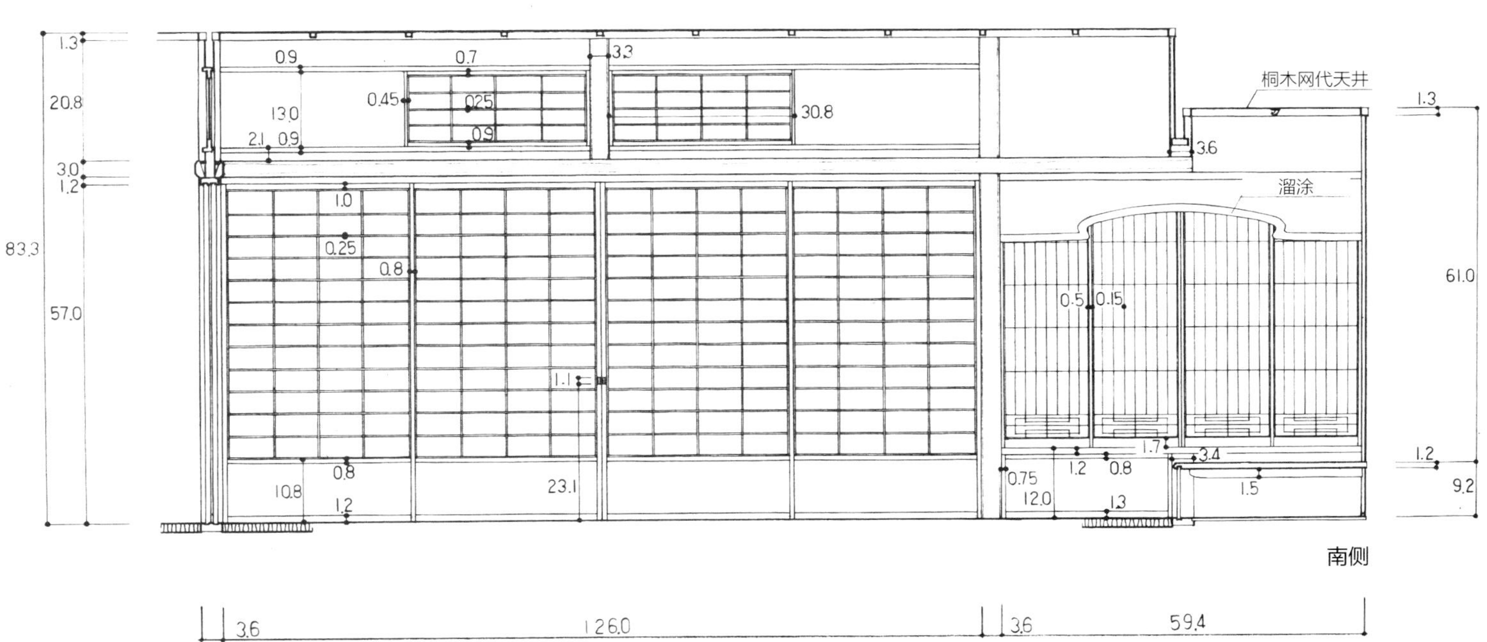

座敷　展开图　比例尺1:30

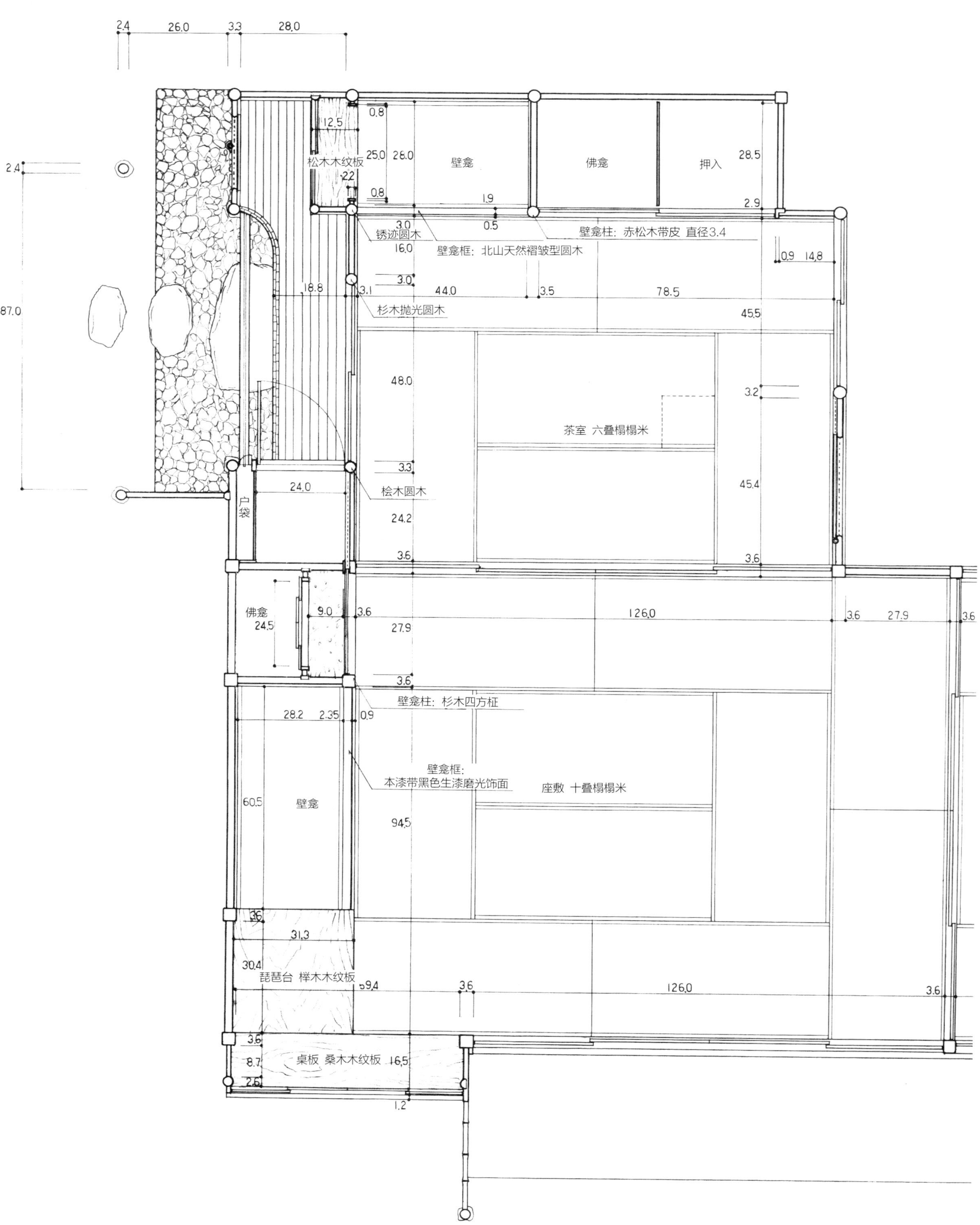

松木木纹板
壁龛
佛龛
押入
锈迹圆木
壁龛柱：赤松木带皮 直径3.4
壁龛框：北山天然褶皱型圆木
杉木抛光圆木
茶室 六叠榻榻米
桧木圆木
户袋
佛龛
壁龛柱：杉木四方柾
壁龛框：
本漆带黑色生漆磨光饰面
座敷 十叠榻榻米
壁龛
琵琶台 榉木木纹板
桌板 桑木木纹板

冈部邸　实测图

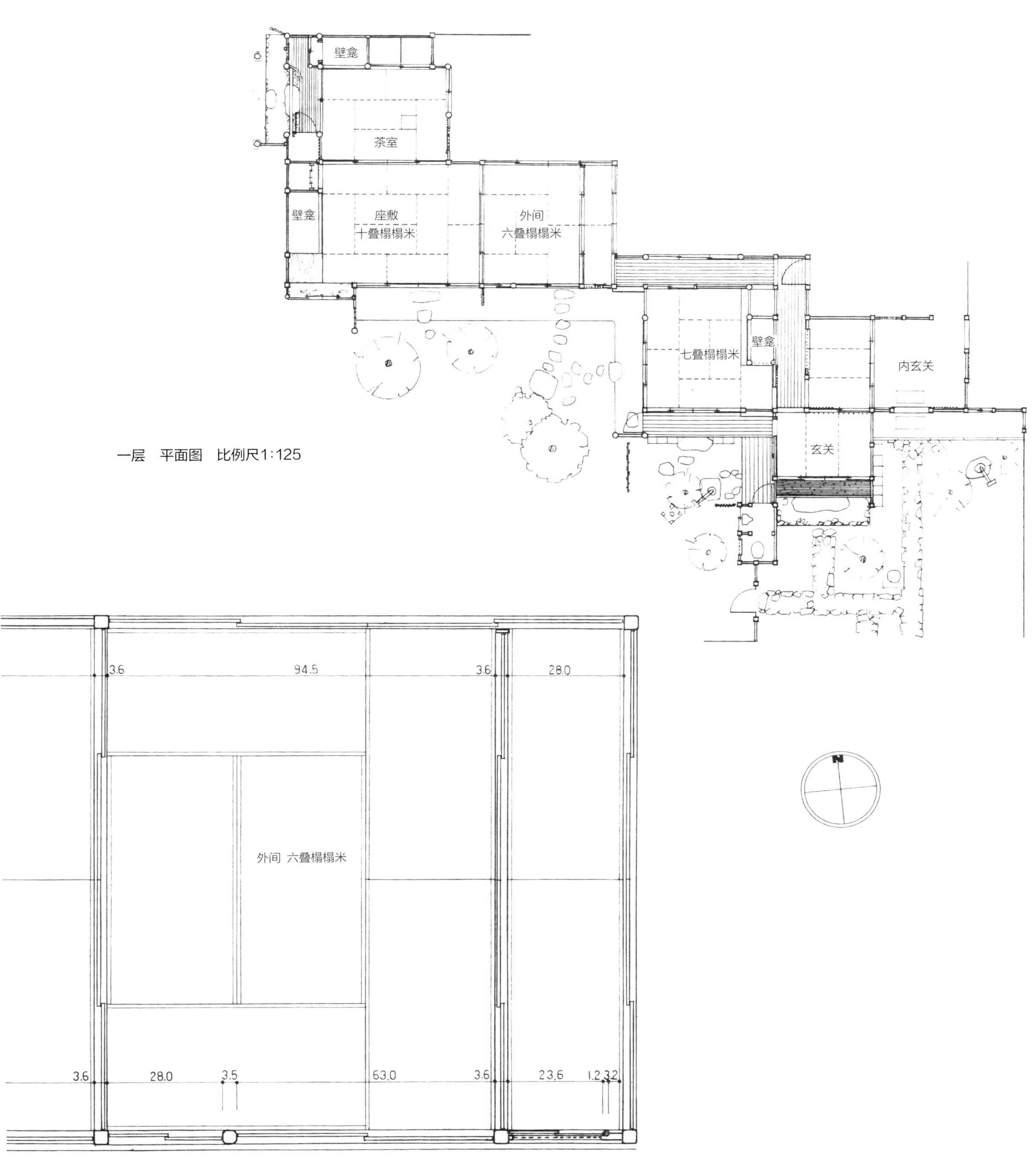

一层 平面图 比例尺1:125

座敷 展开图 比例尺1:30

阳明文库虎山庄（旧近卫邸）

所有者　阳明文库
所在地　京都市右京区
建筑年份　昭和十八年（1943年）
设计　长谷部竹腰建筑事务所
施工　藤木工务店
木匠师　保野忠蔵

近卫家作为名门世家，从平安时代开始便是五摄家之首，有大量珍贵的祖传文书和艺术品。为了保存它们，于昭和十八年（1942年）建造了一处收藏库和一处附属设施，也就是阳明文库。虎山庄位于阳明文库内，除客室、茶室之外，还配备了内客厅、寝室等附属设施，用作近卫文公的别邸。虎山庄是由长谷部锐吉先生所设计的。长谷部先生所设计的数寄屋风格折射出一种贵族气质，新颖的设计随处可见。此外，在使用优秀的材料的同时，还在各处巧妙运用了日本漆涂工艺，以显格调之高。而且之所以增高房屋的门楣，也是以文公的身高作为考量的。

客室

壁龛柱　北山天然褶皱型圆木

落挂　桐木见付柾

壁龛框　面皮 润色漆蜡色涂饰

壁龛天花板　杉木木纹板

床胁地板　松木木纹板

床胁棚板　黑漆涂饰

附书院桌板　润色漆蜡色涂饰

座敷天花板　雾岛杉（叠瓦式）

檐口　北山杉木面皮

竿缘　杉猿颊

客室入口侧天花板　杉木木纹板（叠瓦式）

壁龛地板　松木木纹板

壁龛悬挂式棚板　黑漆涂饰

壁龛棚板　桐木木纹板

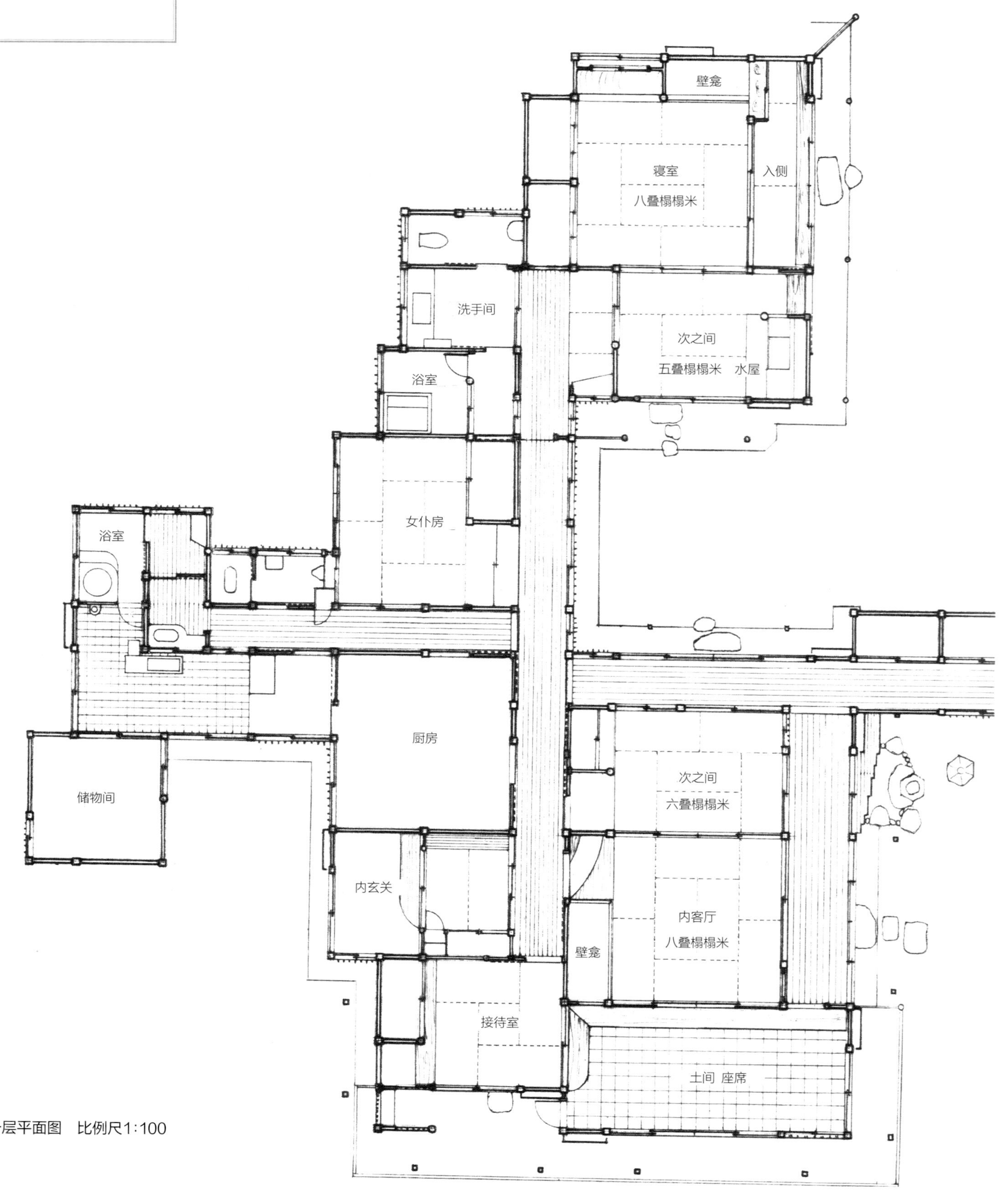

一层平面图　比例尺1:100

阳明文库虎山庄　实测图

壁龛地柜顶板　松木木纹板

壁龛天花板　杉木野根板竹栅

长押　北山面皮

长押　北山面皮

内客厅

落和床框

壁龛里柱　香节

落挂　桐木见付柾

壁龛框　面皮黑漆涂饰

床肋地板　黑松木木纹板

床肋棚板　润色漆蜡色涂饰

茶室

壁龛柱　松木名栗

落挂　杉木见付柾

壁龛板　桑木木纹板

中柱　旧化圆木

隔断　香节小圆木

点前座天花板　蒲芯胡麻竹压板

平天井　日本香柏野根板竹栅

挂入天井　椹木野根板

寝室

壁龛柱　桧木档圆木

落挂　杉木见付柾

壁龛框　北山天然凹式褶皱型圆木带堤顶面

拭漆工艺

壁龛天花板　杉木　中纹板

附书院桌板　拭漆工艺

床肋桌板　漆面涂布

床肋壁止　晒竹

床肋天花板　蒲

座敷天花板　杉木中纹底纹

竿缘　胡麻竹

南侧楣窗　桐木直纹板

寝室外间

水屋柱　百日红

水屋地板　松木

水屋地柜顶板　溜漆布目涂

水屋隔间小天花板　日本香柏野根板竹栅

座敷天花板　杉木直纹板（叠瓦式）

挂入天井　日本香柏野根板（叠瓦式）

挂入天井椽子　香节小圆木

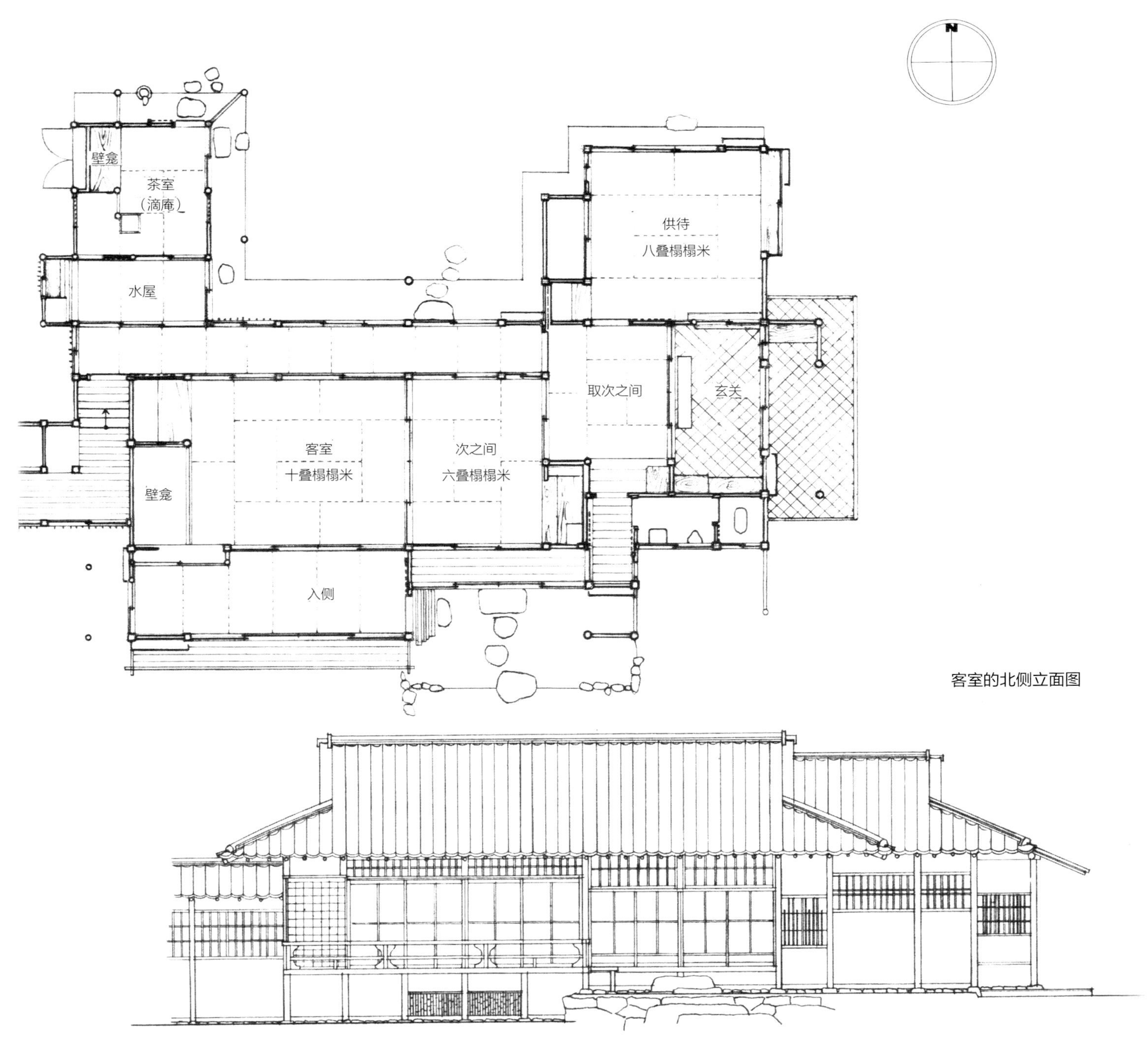

客室的北侧立面图

阳明文库虎山庄　实测图

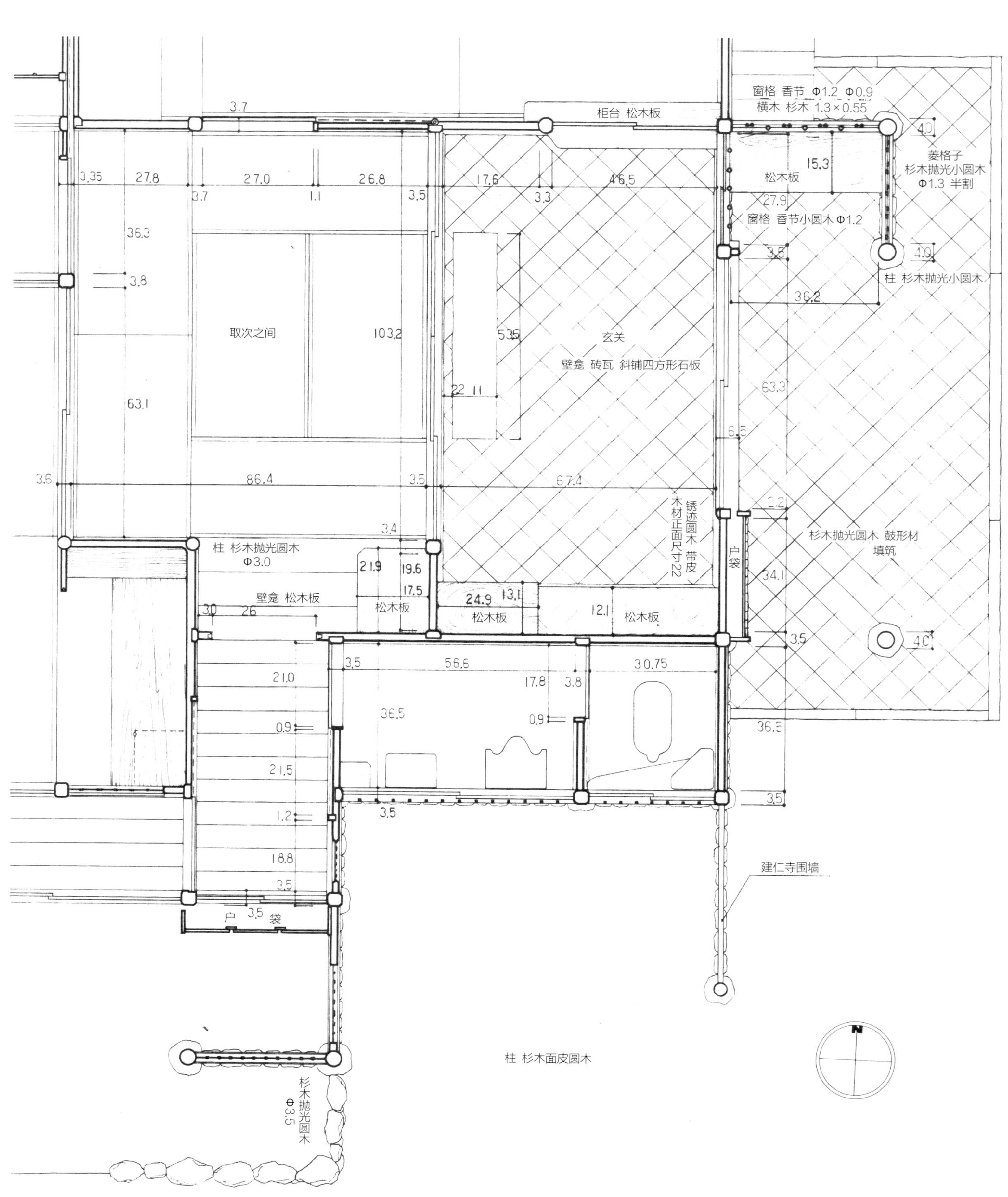

玄关次之间　平面图　比例尺1:30

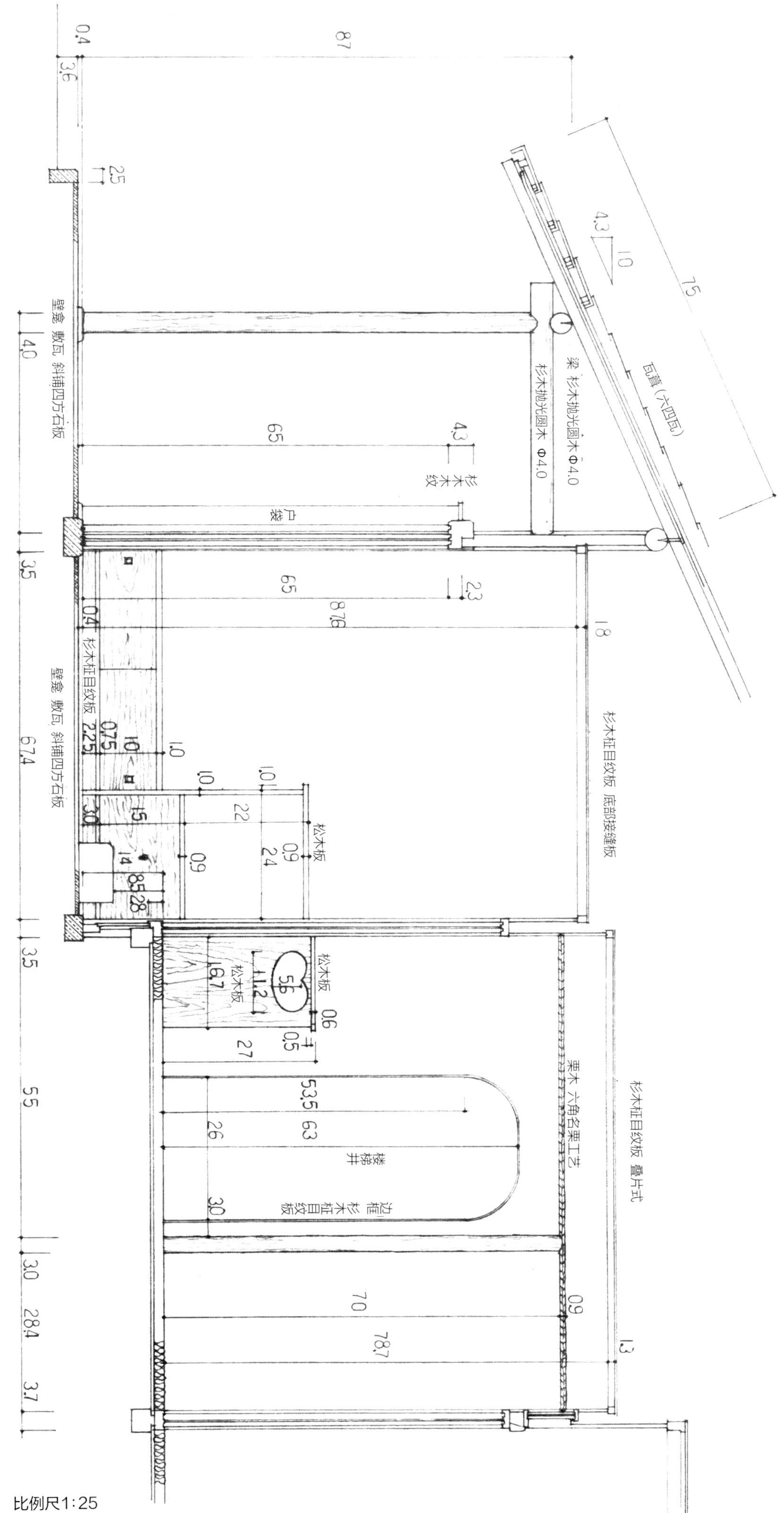

玄关次之间 截面图 比例尺1:25

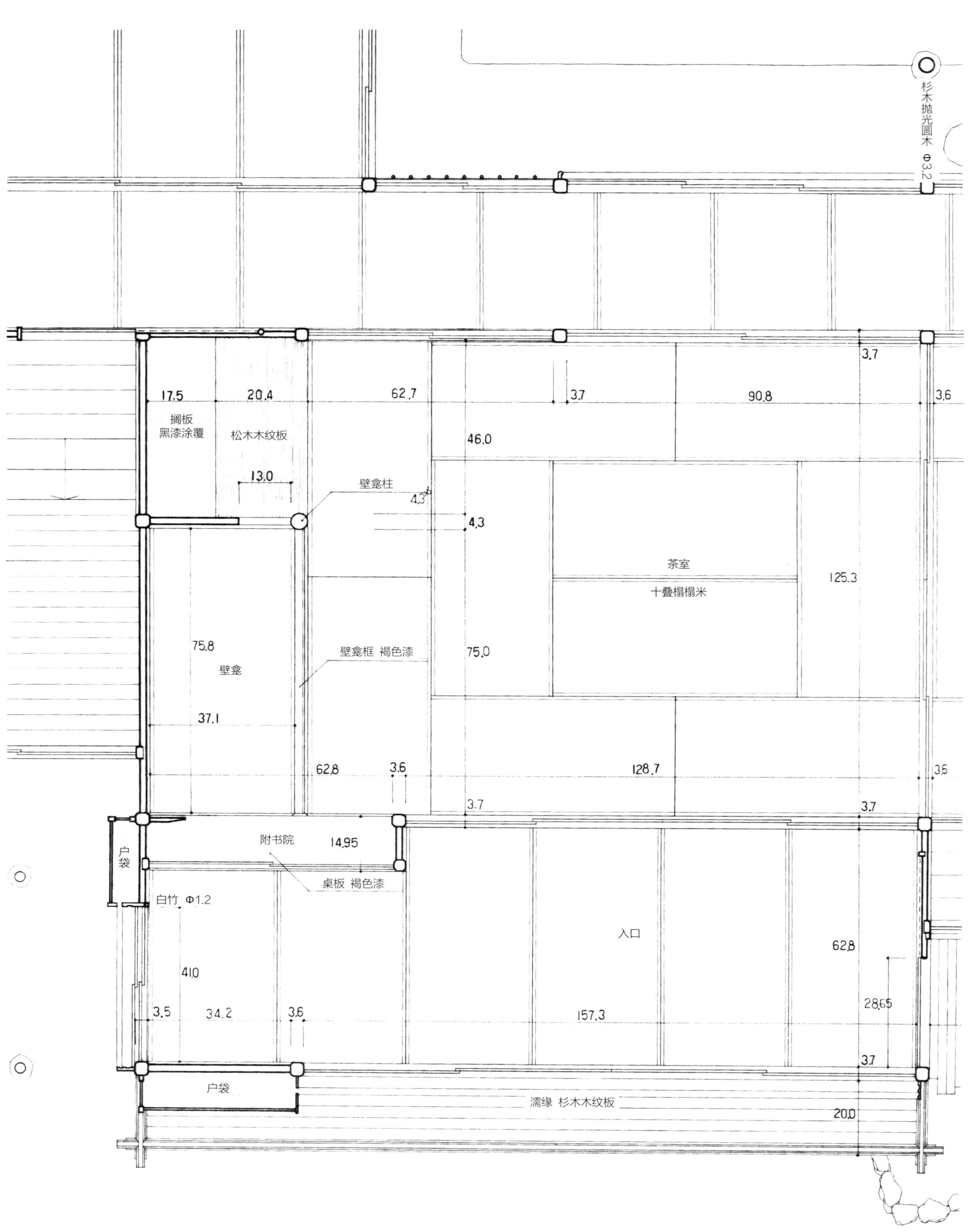
杉木抛光圆木 Φ3.2
17.5
20.4
62.7
3.7
90.8
3.6
3.7
搁板
黑漆涂覆
松木木纹板
46.0
13.0
壁龛柱
4.3
4.3
茶室
十叠榻榻米
125.3
75.8
壁龛
壁龛框 褐色漆
75.0
37.1
62.8
3.6
128.7
36
3.7
3.7
附书院
14.95
户袋
桌板 褐色漆
白竹 Φ1.2
入口
62.8
41.0
28.65
3.5
34.2
3.6
157.3
3.7
户袋
濡缘 杉木木纹板
20.0

阳明文库虎山庄　实测图

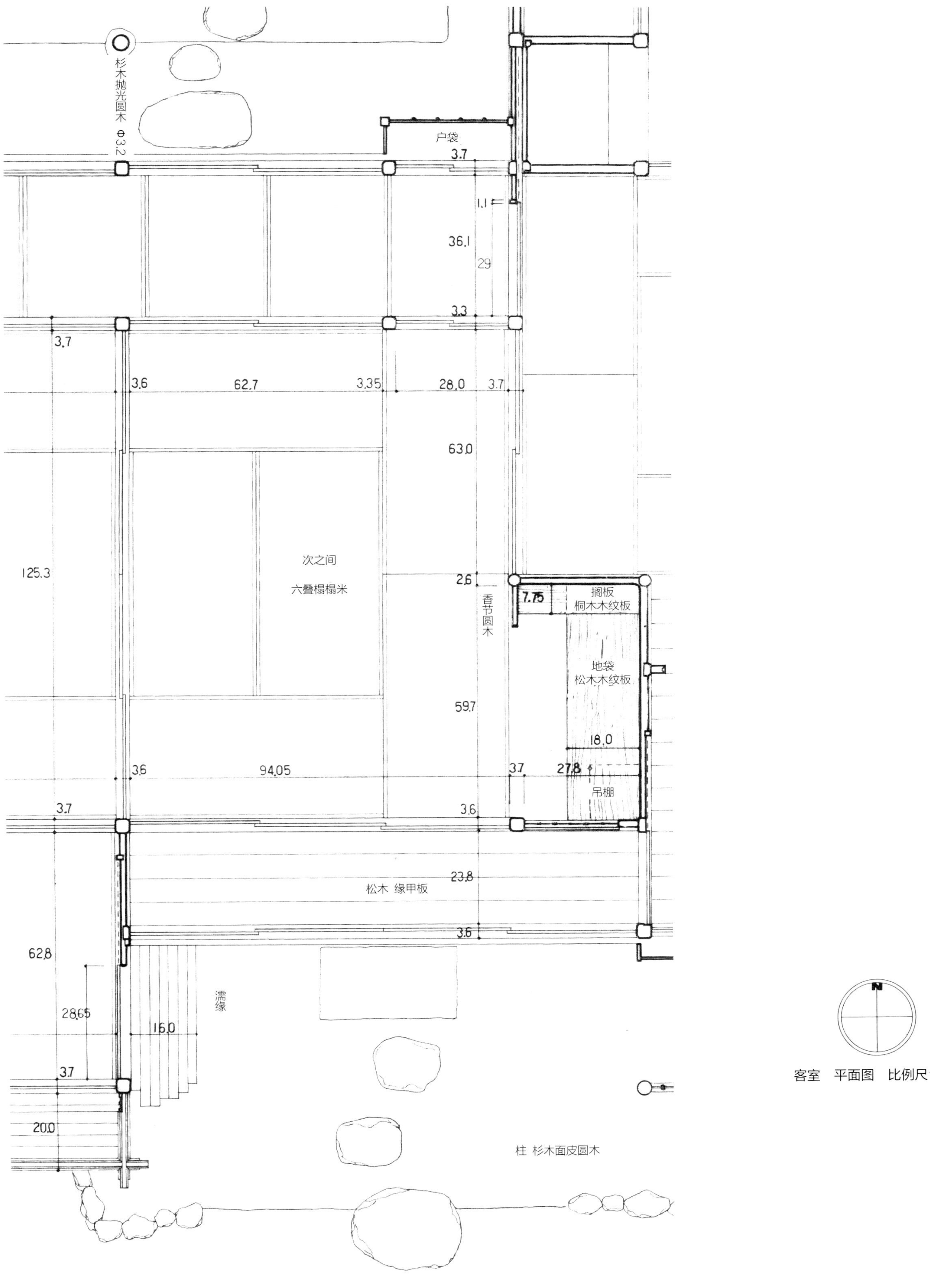

杉木抛光圆木 Φ3.2
户袋
3.7
1.1
36.1
29
3.3
3.7
3.6
62.7
3.35
28.0
3.7
63.0
次之间
六叠榻榻米
125.3
2.6
7.75
搁板
桐木木纹板
香节圆木
地袋
松木木纹板
59.7
18.0
3.6
94.05
3.7
27.8
吊棚
3.7
3.6
23.8
松木 缘甲板
3.6
62.8
濡缘
28.65
16.0
3.7
20.0
柱 杉木面皮圆木

客室　平面图　比例尺1:30

客室栋外观

客室　通往南侧入口侧的拉门

玄关　土间天花板

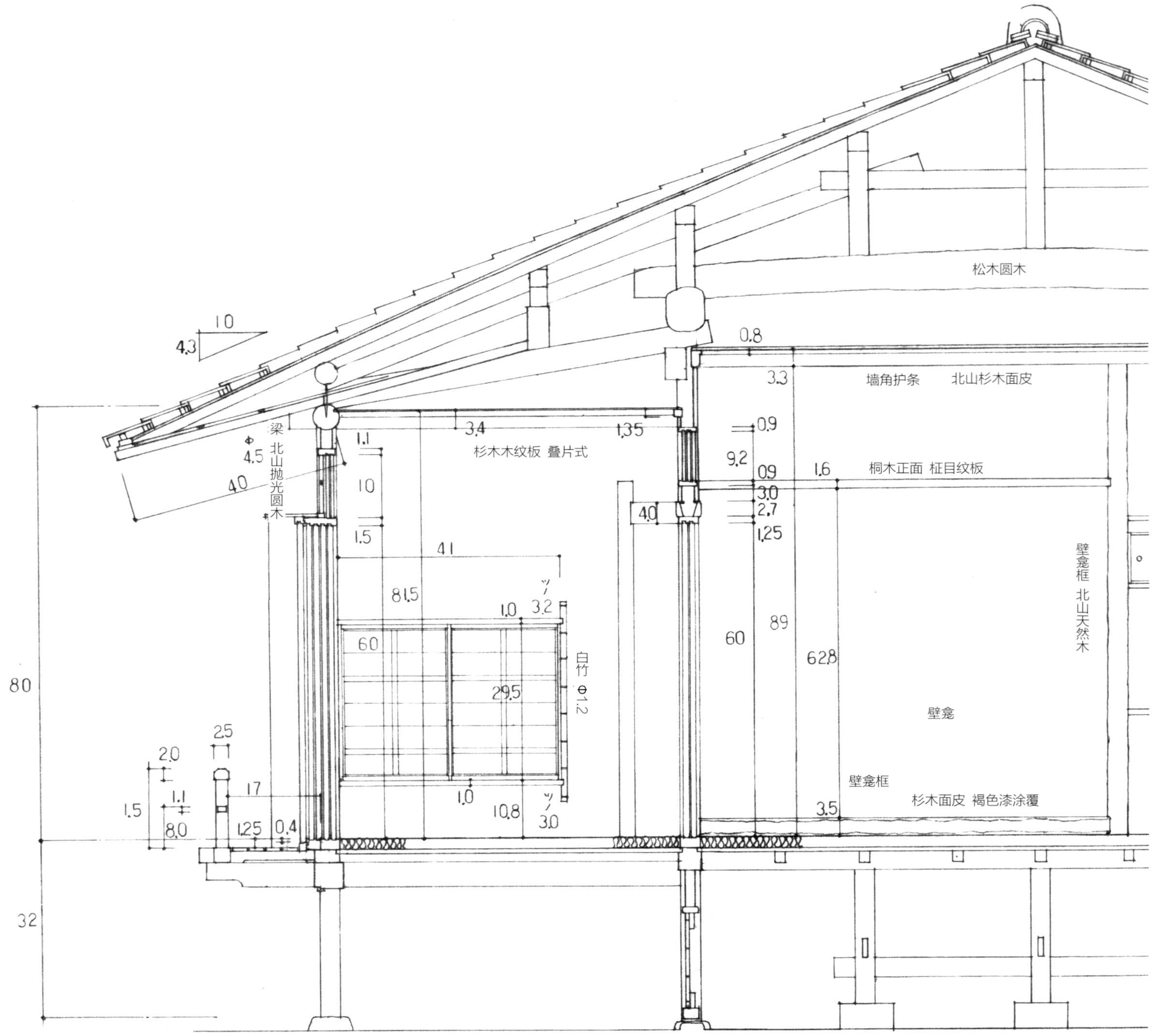

松木圆木
墙角护条　北山杉木面皮
杉木木纹板 叠片式
桐木正面 柾目纹板
梁 Φ4.5 北山抛光圆木
白竹 Φ1.2
壁龛框 北山天然木
壁龛
壁龛框
杉木面皮 褐色漆涂覆

阳明文库虎山庄　实测图

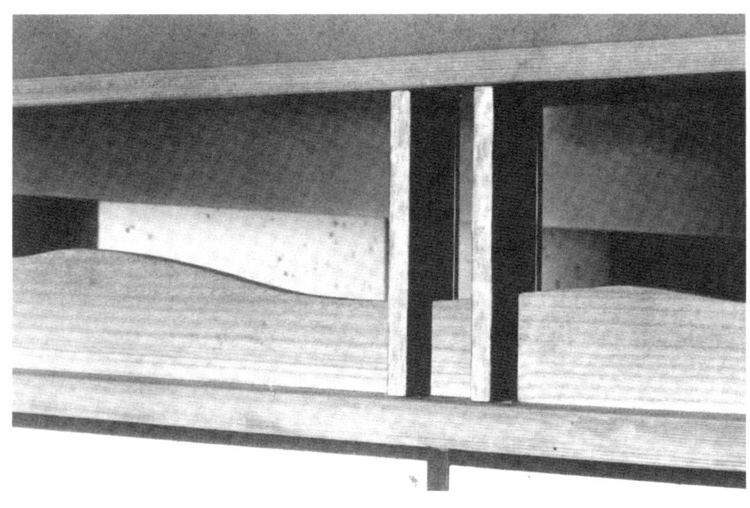

寝室・外间隔扇　楣窗细节

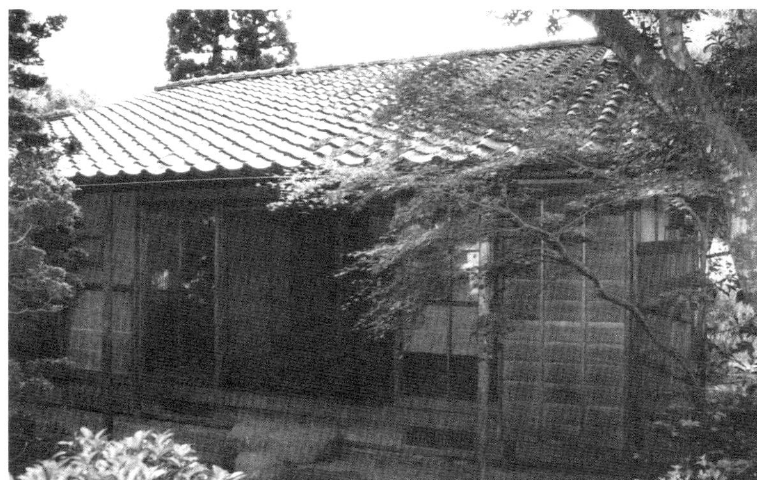

寝室东侧外观

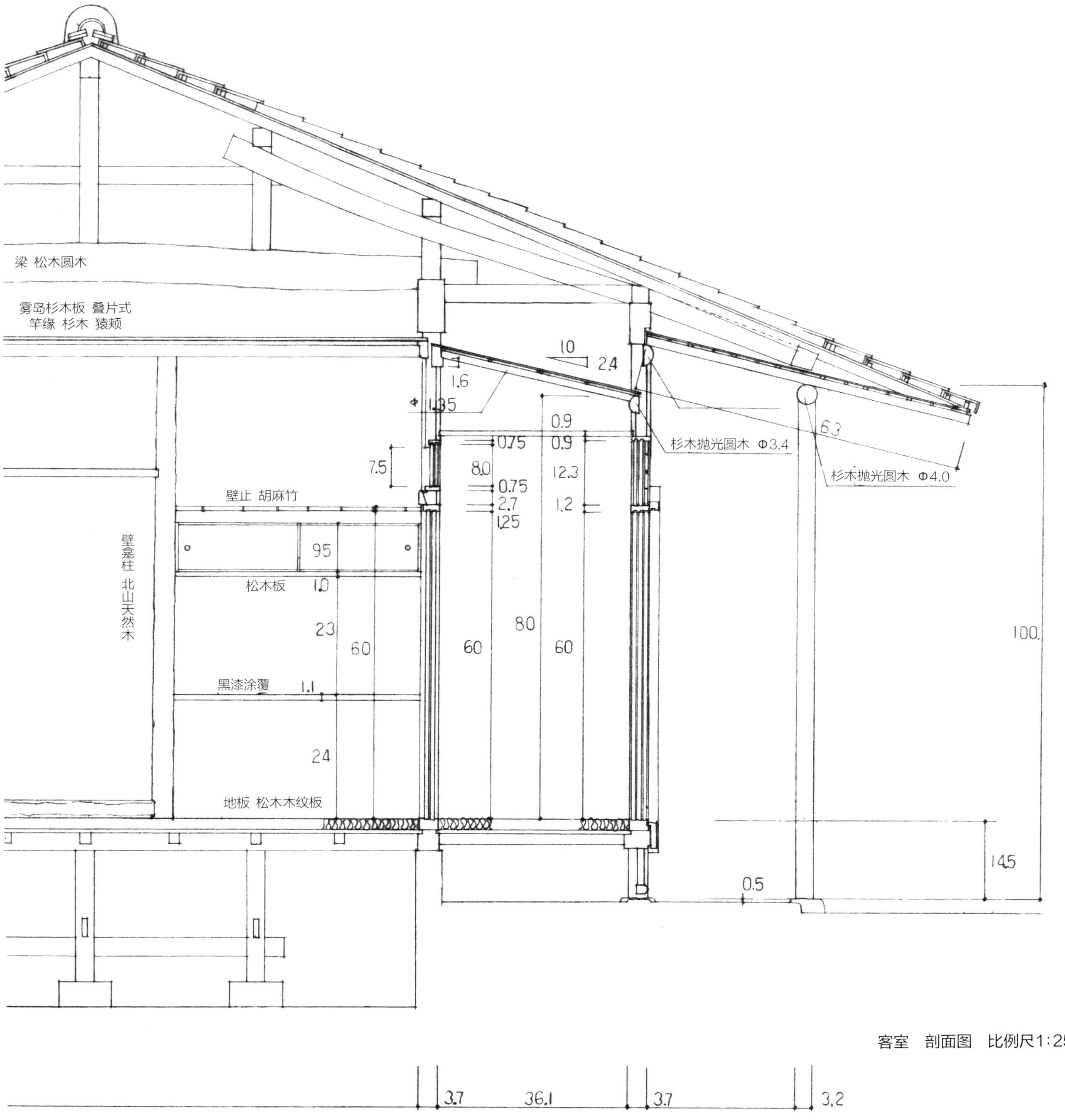

梁 松木圆木
雾岛杉木板 叠片式
竿缘 杉木 猿颊
10
2.4
1.6
Φ 1.35
0.9
0.75
0.9
7.5
8.0
12.3
杉木抛光圆木 Φ3.4
63
杉木抛光圆木 Φ4.0
壁止 胡麻竹
0.75
2.7
1.2
1.25
95
壁龛柱 北山天然木
松木板
1.0
23
60
60
80
60
100
黑漆涂覆
1.1
24
地板 松木木纹板
145
0.5
3.7
36.1
3.7
3.2

客室　剖面图　比例尺1:25

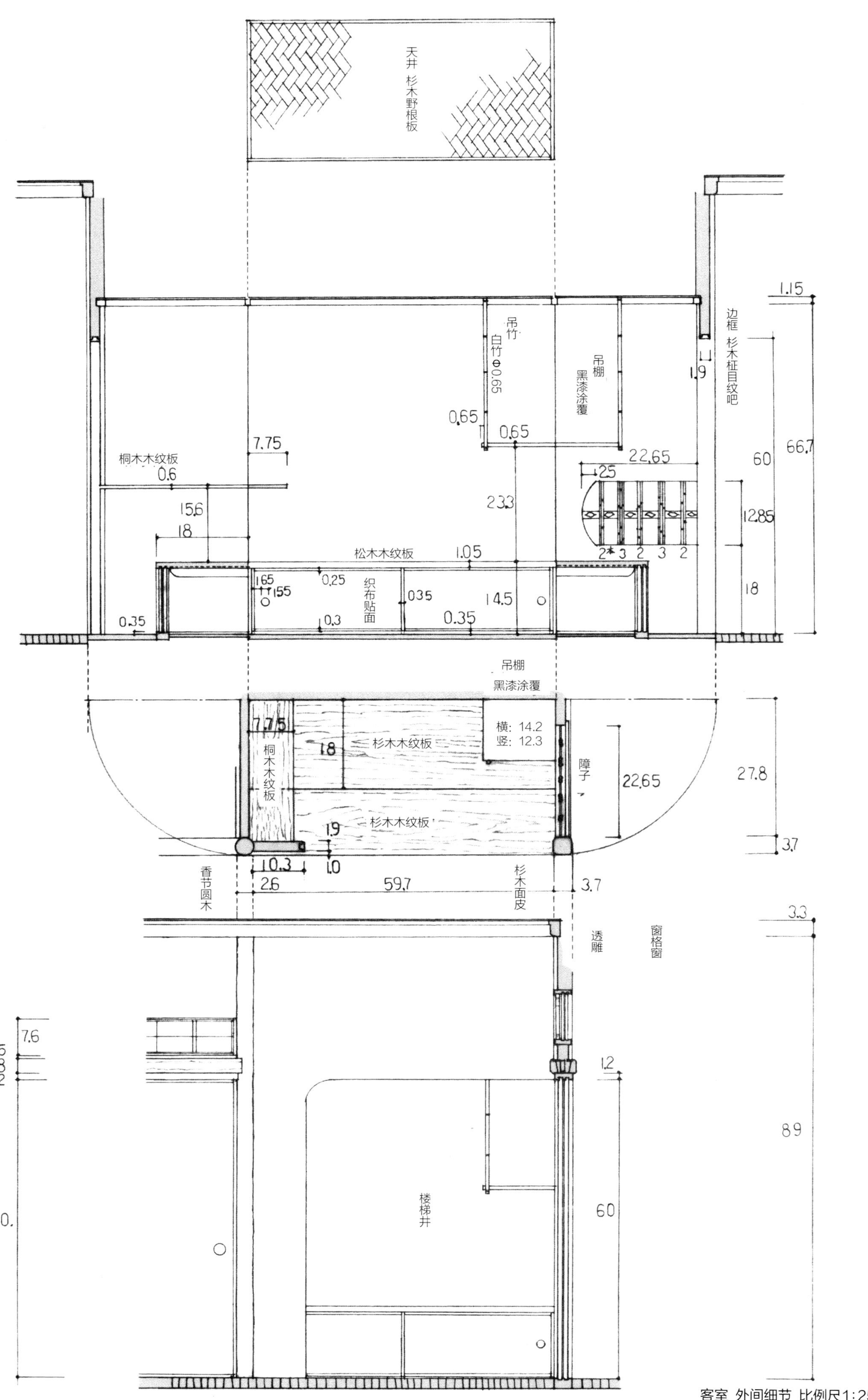

客室 外间细节 比例尺1:25

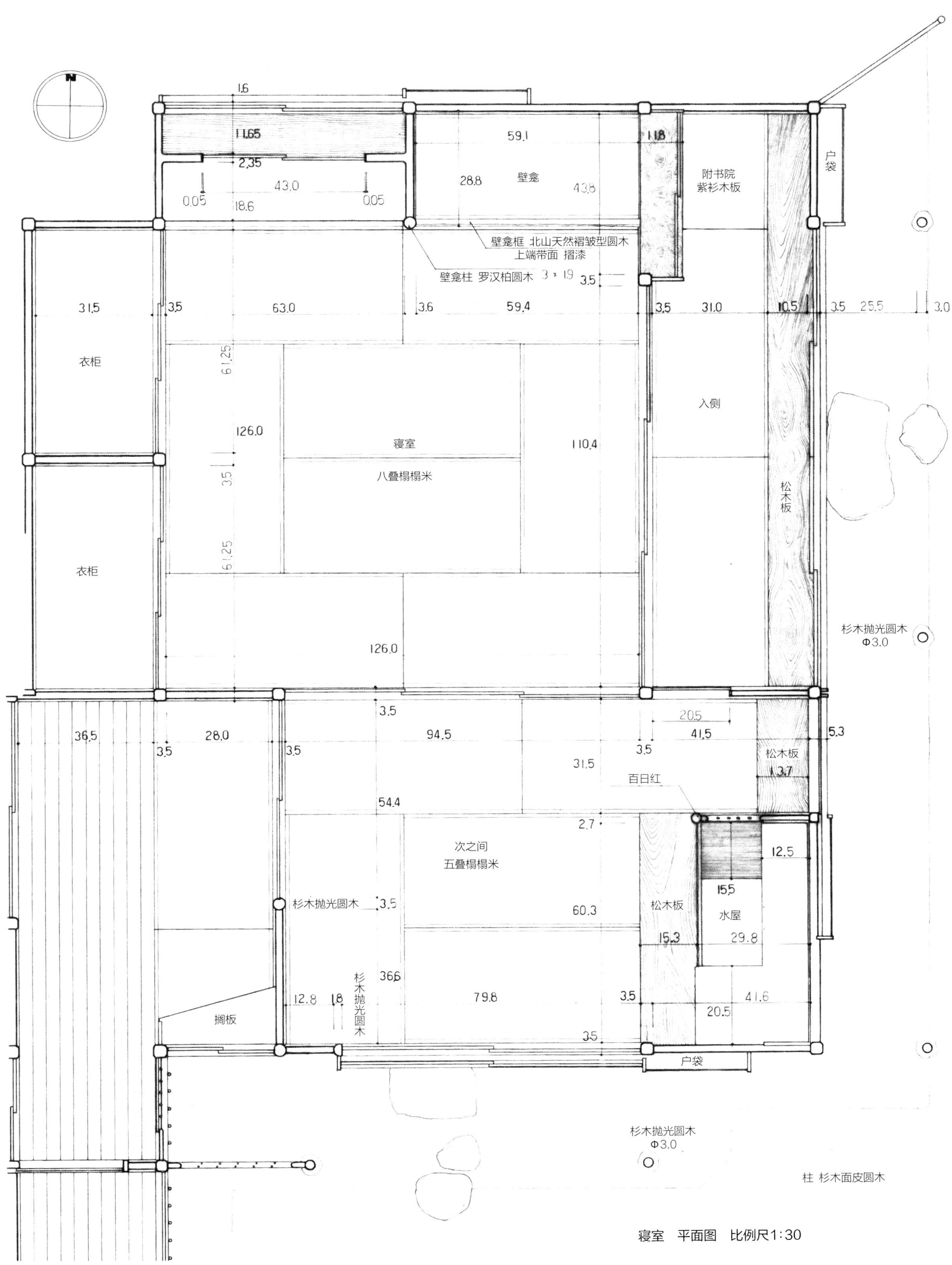

寝室　平面图　比例尺1:30

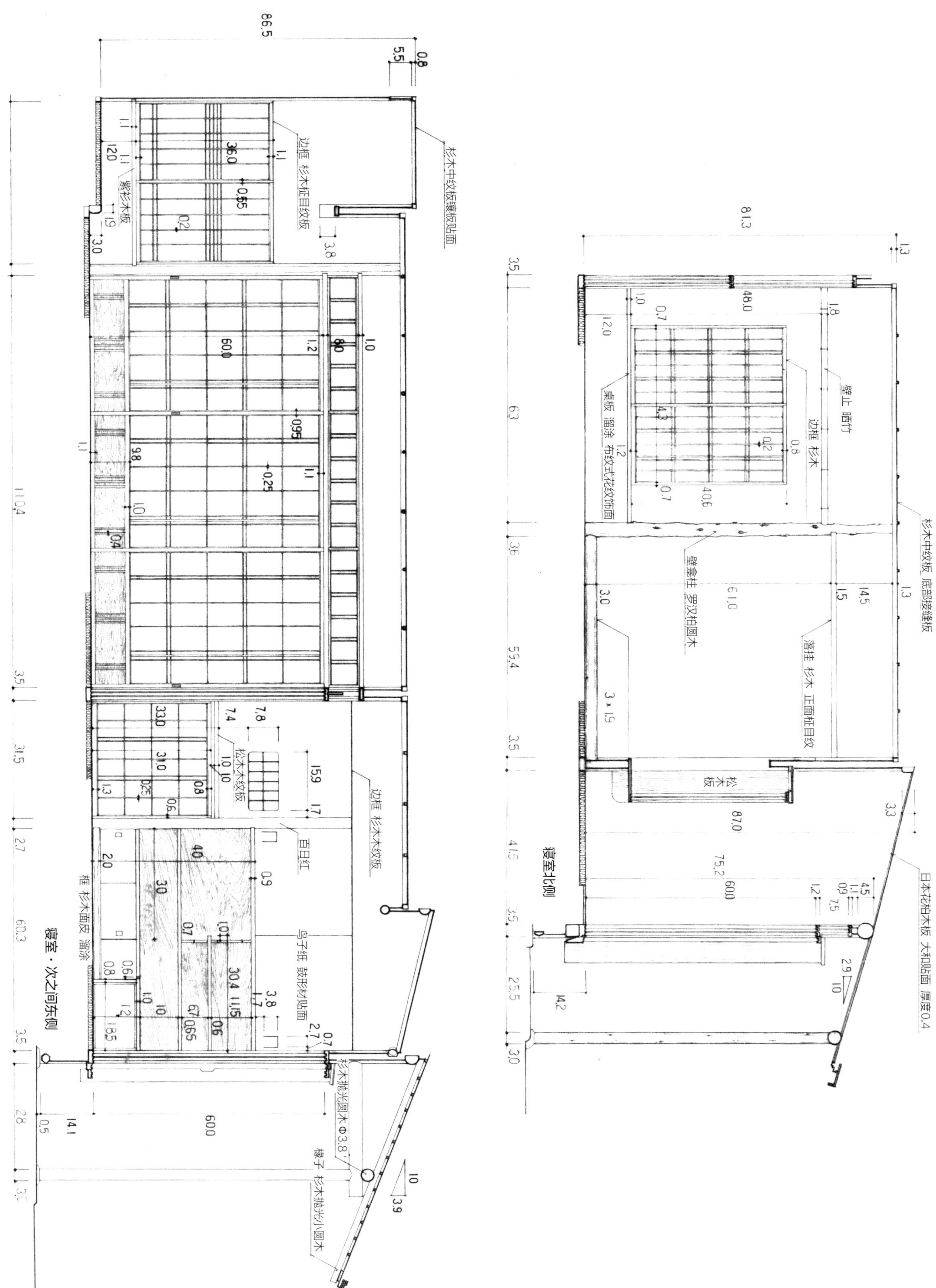
杉木中纹板镶板贴面
边框 杉木柾目纹板
紫杉木板
杉木木纹板
边框 杉木木纹板
百日红
框 杉木面皮 溜涂
鸟子纸 鼓形材贴面
杉木抛光圆木 Φ3.8
椽子 杉木抛光小圆木
寝室・次之间东侧
壁止 晒竹
边框 杉木
桌板 溜涂 布纹式花纹饰面
杉木中纹板 底部接缝板
壁龛柱 罗汉柏圆木
落挂 杉木 正面柾目纹
松木板
日本花柏木板 大和贴面 厚度0.4
寝室北侧

阳明文库虎山庄　实测图

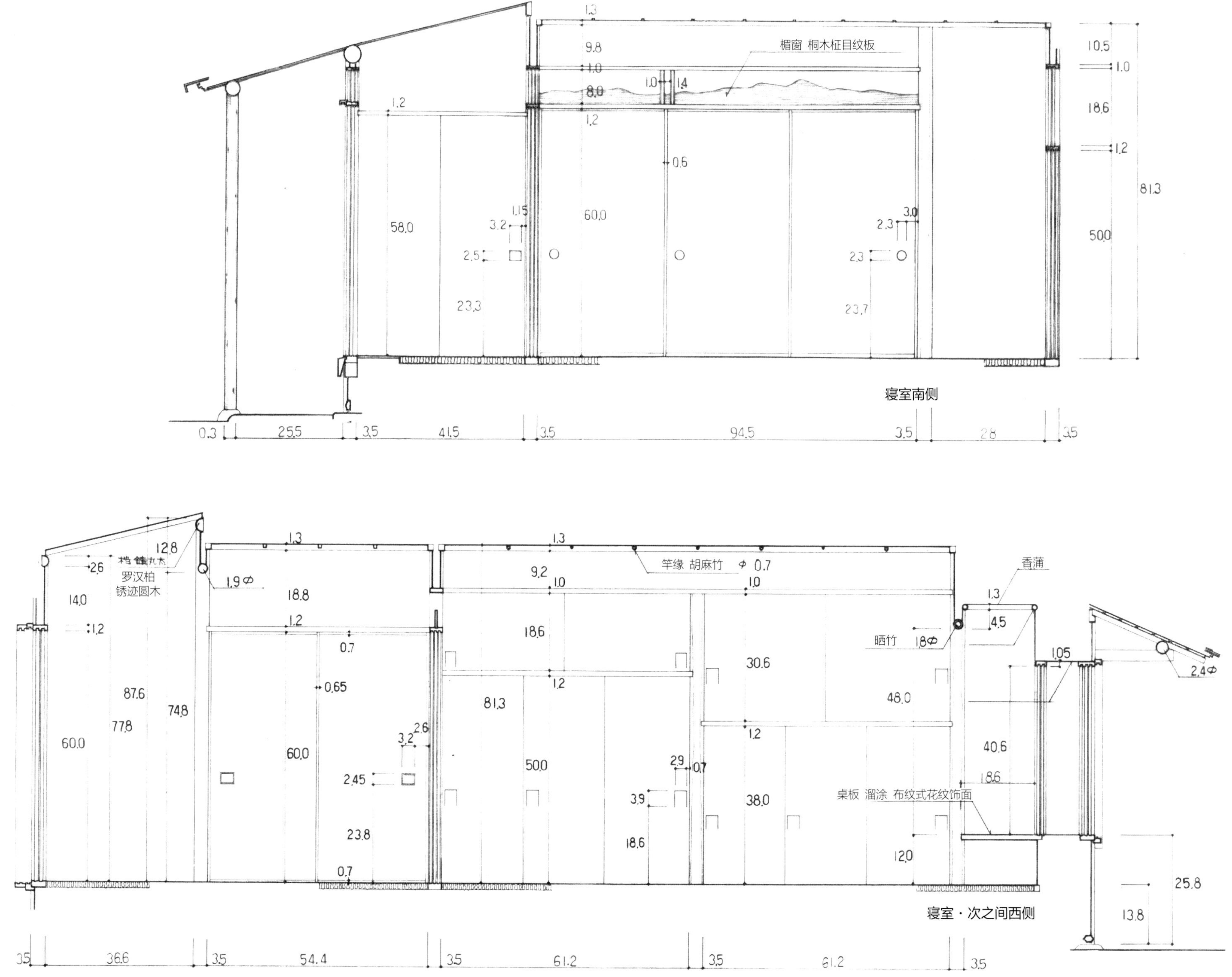
楣窗 桐木柾目纹板
寝室南侧
罗汉柏
锈迹圆木
竿缘 胡麻竹
香蒲
晒竹
桌板 溜涂 布纹式花纹饰面
寝室・次之间西侧

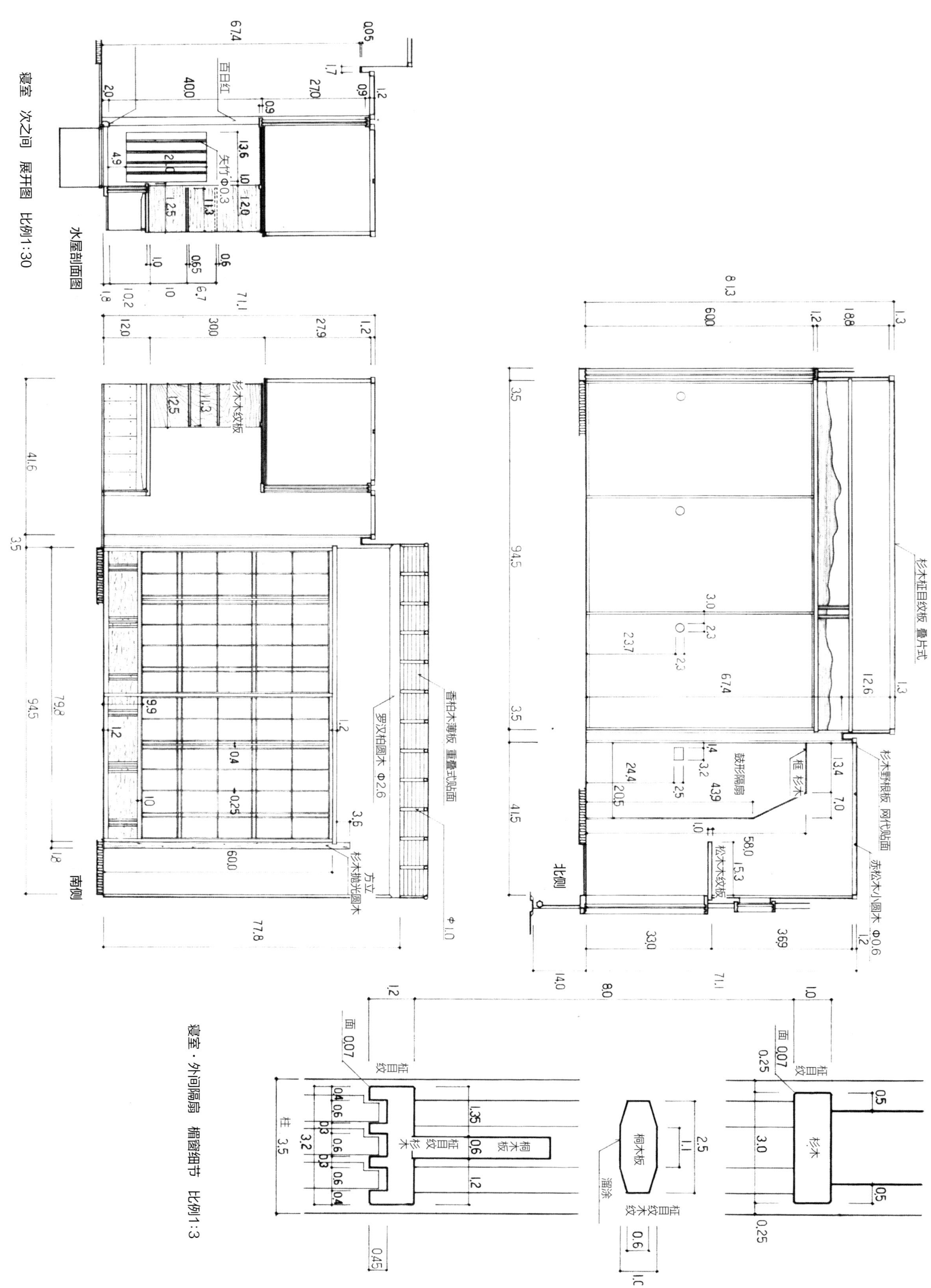
寝室　次之间　展开图　比例1:30
水屋剖面图
南侧
北侧
百日红
矢竹 Φ0.3
杉木木纹板
香柏木薄板 重叠式贴面
罗汉柏圆木 Φ2.6
方立
杉木抛光圆木
杉木柾目纹板 叠片式
鼓形隔扇
框 杉木
杉木野根板 网代贴面
赤松木小圆木 Φ0.6
寝室・外间隔扇 楣窗细节 比例1:3
柾目纹
桐木板
杉木
溜涂

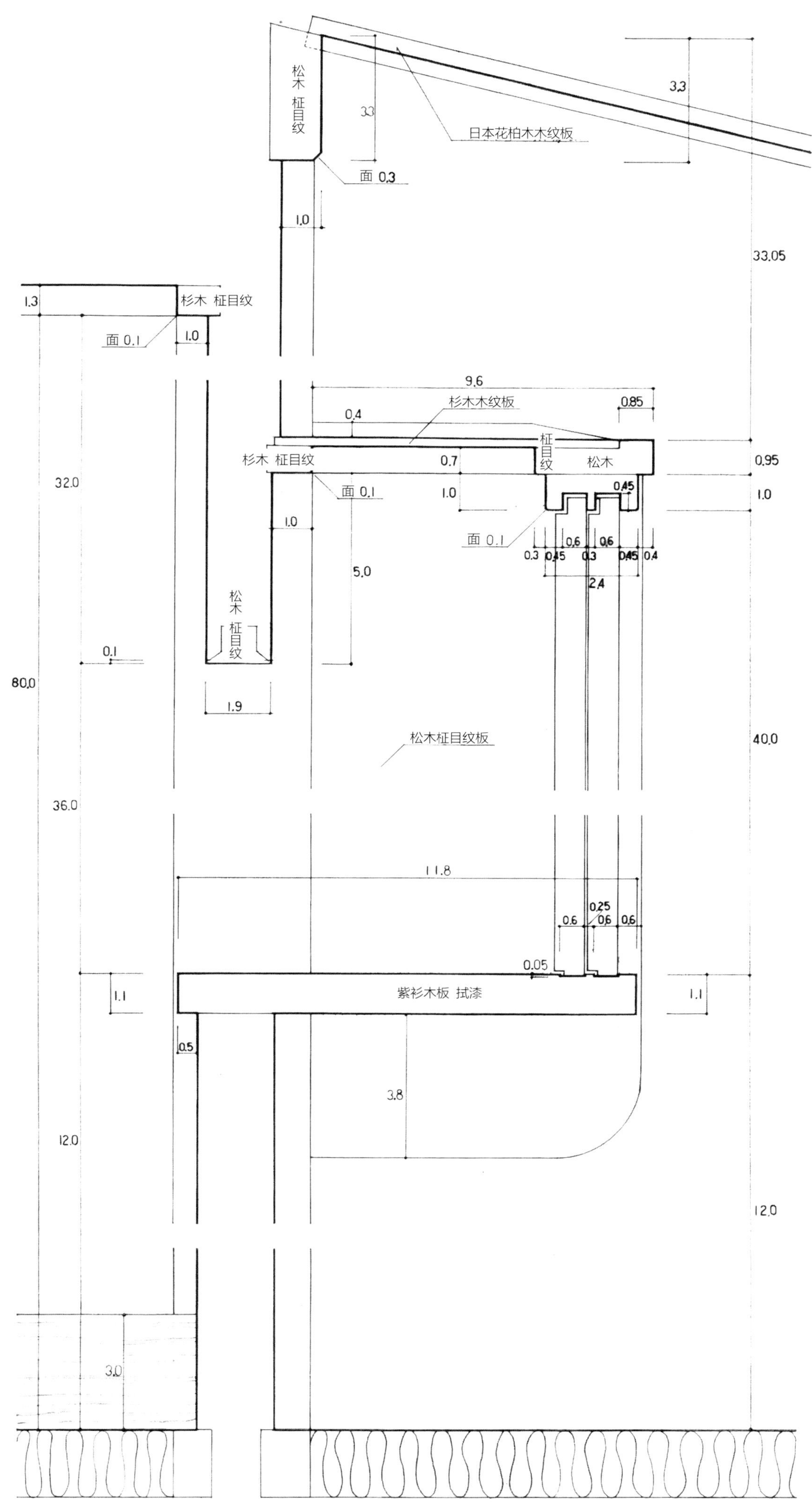

寝室　附书院断面细节　比例尺1:4

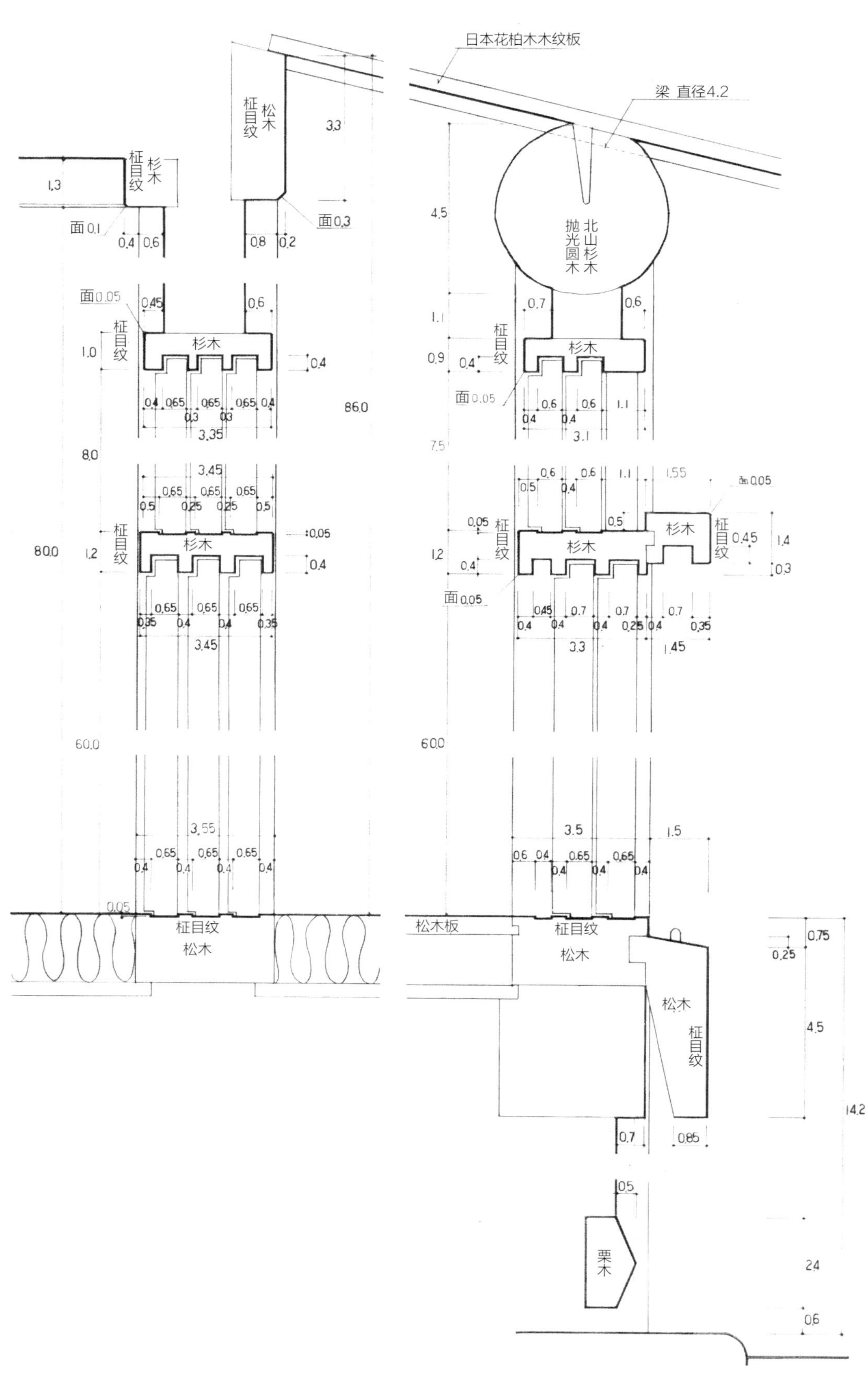

寝室　东侧入口处断面细节　比例尺1:4

木之设计

中材昌生

武野绍鸥先生曾说过，茶道之秘事隐藏于“茶橱”之中。而关于“茶橱”，千利休先生在写给野村宗觉先生的书信中这样写道：

“绍鸥老师在制作茶橱时曾教导我说，茶橱无需冗杂的修饰，不应以漆器或莳绘来装饰，纠结于外观的富丽堂皇。我们所要追求的麁相之美，外表粗糙，但其内在完美，反而尽显数寄道之风雅。概括而言，所谓茶室之风雅，就是我们在创作时，应该着重于麁相，这样做出来的作品才会美丽、灵动。如果只着意于修饰，那并不适用于数寄之道。”

由此可见，绍鸥先生说茶道之秘事隐藏在茶橱之中，这句话也就是说茶道并不是拘泥于外观的华丽，而是尊崇“麁相”之美。茶橱是在橱柜的基础上设计出来的，绍鸥先生在制作茶橱时，并没有选用涂漆或是莳绘工艺，而是保留了木材本身的纹理，在这一点上也解释了“数寄”的秘诀。绍鸥先生的作品，看不到一丝涂漆或是莳绘的点缀，而是结合木材本身具有的自然纹理，让人捕捉到纯洁、朴素的美感。比起富于装饰性的物品，保留木材的原貌所制作的物品更具有价值，这也是数寄之道所讲究的理念，而这一价值观的确立，对日本造型艺术的发展也起到了至关重要的作用。茶道亦是如此，从这一角度出发，在各种道具、座敷以及庭院的建造上都巧妙加以设计，引导了草庵茶的完成。

绍鸥先生曾说过，“今将正直、谨慎、不骄不奢谓之侘”。绍鸥先生在建造草顶房屋时采用了圆木结构，他将圆木的那种简朴、素雅的美感融入其中，由此可见，比起外观的奢华、美丽，绍鸥先生更注重的是麁相，正如他所说过的那句“我们在创作时，应该着重于麁相，这样做出来的作品才会美丽、灵动”。

我们欣赏树木本身那深深浅浅的纹路，自然赋予了它这般感性的纹理，而日本人在设计中也总习惯将感性融入其中，天平贵族也曾在诗中吟咏道“黑木用，造有室者，虽居座不饱可闻”。但是，从社会对美的普遍认知来看，人们更多的还是倾向于经过涂装工艺的物品。而绍鸥先生对于数寄之道的主张便是为了打破这一普遍认知，让更多的日本人能够认识到数寄之道，将内心暗流涌动的感性运用到其中。

而被绍鸥藏在茶橱中的茶道之秘事，是如何展现在茶室中的呢？依据山上宗二所说，绍鸥先生的茶室为四叠半榻榻米大小，角柱使用桧木，天花板选用野根板，高7尺1寸，内壁采用白色墙壁贴纸，四分之一漆成黑色。茶室内设有壁龛，宽1间，深3尺3寸，壁龛天花板为镜天井，材质为“杉木一枚板”，其高度比座敷天花板低7寸，壁龛框选用栗木，不上厚漆，留下木纹。后门处设有带“横拉手”的隔扇，鸭居（上门槛）门楣高度比通常稍低。而且，点前座左手边设有葭架，宽半间。除此之外还有一些绍鸥四叠半榻榻米的相关记录，内容上大体一致。只是在由覃斋信立撰写的插画集中，大黑庵四叠半榻榻米大小的房间里有一个宽1寸8分的“长押”。不过，这实际上是“附鸭居”（一种装饰性横木，安装在灰泥墙上，其高度同鸭居）。此外，室内的天花板也是杉木制镜天井。

绍鸥的这种四叠半榻榻米大小的茶室就如同《松屋日记》中“我期待着有一天，来自各地的我们打开座敷的一瞬间，惊呼一句，啊，是绍鸥堺流的四叠半”希望的那般受到了众人瞩目，《山上宗二记》记述武野绍鸥的四叠半茶室也说，“此后，从千利休到我（山上宗二）都模仿这样的茶室。另外，京都及堺地区拥有唐物的茶人也都作有这样的茶室”，果然作为茶室，绍鸥的风格具有着划时代的魅力。

那么自珠光以后，在许多茶汤大师不断尝试的四叠半座敷中，为什么绍鸥的四叠半座敷会备受瞩目呢。从宗二他们的记录来看，绍鸥的座敷并没有特别吸引人的地方，从座敷的风格上来看也只是一个普通的书院风。当然了，它并不是传统书院造，绍鸥先生在建造时省去了长押，天花板高度也比较低，而且用材上也选用了野根板。不仅如此，整体在木割方面的设计也是别出心裁，比如入口的高度就比一般座敷入口要矮一些。综上所述，绍鸥先生的四叠半座敷之所以这般备受瞩目，大概是因为其完成度超越了众人以往尝试的所有茶汤空间，并且笼罩着一种与茶道相得益彰的氛围，沉着而独特。

虽然柱子选用了桧木，但其木材纹理的美感与座敷的高度、各构件尺寸的平衡性、材质搭配等相得益彰，完美贴合了“我们在创作时，应该着重于麁相，这样做出来的作品才会美丽、灵动”的设计。绍鸥先生传授给宗易先生（千利休）的四叠半（《茶汤秘抄》）并没有选用墙壁贴纸，而是选择土墙。此外，在柱子的设计上，绍鸥先生教导宗易先生，柱为2寸8分4方，面厚1分，以平纹为面。

我不知道绍鸥先生所说的这根柱子是否也是桧木材质，但是总之是倒角角柱。不过值得我们注意的是，绍鸥先生强调说要将“平纹”放在正面。这或许是因为相比直纹，平纹更具有自然风味。又或者说，每一根柱子的平纹都经过了精挑细选，以达到整体效果的统一。

绍鸥先生曾说，茶道之秘事藏于茶橱之中，而现在我们通过绍鸥先生以平纹为正面这一事实可以得知，绍鸥先生所设计的座敷中确实也存在着与其相同的意图。将木材纹理的自然感灵活运用到座敷的设计中，这或许也是绍鸥先生所设计的座敷划时代的魅力所在。

千利休同样也在其位于堺的宅邸和四圣坊建造了这样的四叠半茶室。在四圣坊柱子的立绘图中也只是写了尺寸为“2寸8分”，并没有注明是什么材质，我们无从可知，不过在其位于堺的宅邸中，他选用了松木作为柱子的材质。正如细川三斋所述：

“利休先生位于堺城的宅邸，角柱为松木，不以着色，入口设有拉门，宽一间半，共四扇，厨所拉门两扇，设有洞库，洞库之上为葭棚。”

利休先生喜欢用松木，而不是桧木。三斋先生之所以强调说“不以着色”，是因为当时给木材着色已然成为一种惯例，但是利休先生的四叠半榻榻米却没有对木材进行着色处理。在这句话之后，三斋先生又补充道，“其后，如看到利休对木材进行着色处理，反而会让人觉得有违和感”。而利休先生自身在以绍鸥的四叠半为基础建造茶室时，便没有对木材进行着色。这可能也是因为利休先生为了保留木材原本的纹理，所以借鉴了他的老师绍鸥先生的手法。

通过对木材进行着色处理，一方面可以掩盖木材本身的粗糙，另一方面还能使材质变得坚硬。因此过去即便是在町屋，也多会对木材进行着色。着色是一种简单的技术，不同于漆器，可以通过煤烟、紫红漆、砥石粉对木材进行着色。而正是像这样对木材不加以着色，以展现木材纹理的美感，才是绍鸥座敷的新颖之处吧。此外，他还对平纹板材进行了充分运用，以便进一步追求麁相之美。

聚美苑　广间

不久之后，利休先生开始选用圆木柱。普请之书曾记载“柱粗2寸8分4方，同面2分半”，虽然在这是利休先生所建造的接近草庵风格的一个带土间的四叠半榻榻米，而其中所说的柱仍然还是角柱。但是在本觉坊的四叠半和北野大茶汤的四叠半中，显然用的是圆木柱。虽然这会让人第一时间猜想，这些圆木柱或许就像利休先生的待庵茶室那样，很多都是杉木的抛光圆木，但是，实际上，本觉坊的四叠半中，其点前座洞库前的柱子是一根松木的角材，而北野的四叠半中，躏口（弯腰膝行进出的小门）两侧立起来的立柱是“木口1寸8分的带皮松木圆木”。而从以上这两点来看，利休先生并不是只采用杉圆木，他至少结合了两种不同木材的圆木。北野的四叠半躏口两侧立起来的立柱一直延伸到桁，从它所采用木材是带皮松木这一点来看可以推测出，当时除了壁龛柱以外，其他柱子也经常使用带皮圆木。

以这样的事实为背景，我们来阅读一下《山上宗二记》中的下一个记述吧：

丸柱　带皮女松　带皮栗木

四方柱　见于堺城　配以杉木桁

壁龛柱常用京丸太、去皮桧木，壁龛内角柱也有人使用竹柱

由此看来，在制作圆木柱时，确实经常会使用松木或栗

木的带皮圆木。此外，如果“四方柱”是角柱，这似乎说明了自绍鸥先生以后，在堺城还有相当多的角柱式座敷，而且也说明了在堺城仍然有很多人喜欢角柱式座敷。而且也可以推测出，使用去皮“京丸太”作为壁龛柱也正在逐渐流行起来。

如此，在利休的时代，茶室的主要木材从保留木材肌理的角材变成了圆木。保留木材肌理的角材所追求的自然韵味，随着各种木材的带皮和去皮抛光圆木的使用，变得更加丰富多彩。而正是因为相比华丽的修饰，对于麁相之美的追求，使这种素材得以被发现并且被广泛使用。

在如今的数寄屋建材中，仅以京丸太为例，种类也是多种多样。通过经年累月对植树造林研究的成果，逐渐获得了具有各种韵味的木材。虽然在利休时期，还没有像现在这样有如此多的研究成果。据说利休先生当时寻遍了京都周围的山脉，以寻找合适的木材。他当时还使用过一种叫“鞍马杉”的杉木。而且，对于每次采伐的木材，他也并不是随意地进行使用，而是每次都要经过一番深思熟虑，进行审查。

“今送丸木六根于利休，其只选一根为所用，余五根如用途有所改，则亦可用之。”（堀口舍已博士《利休的茶室》）

这是利休先生写给高山右近的信中的主要部分。利休先生看到右近送来的六根圆木后，决定只使用其中一根。大体意思就是右近所选择的六根圆木中，只有一根被利休挑中了。当然，这是因为利休先生早已确定了要使用的地方，如果用途有所更改的话，也还是会用到剩余的五根圆木。总之，从这句话可以看出，利休先生为了将所采伐的木材作为实际构件，对圆木进行了相当仔细的筛选和审查，并且利休在圆木选择方面是杰出的，得到了周围人的认可。

选择圆木，依据的并不仅仅是粗细、姿态、肌理等要素。因为每一根木材都具有不同的木性，所以必须要进行严格的比照，以确认该木材是否满足使用场所所要求的各种条件。而且，在满足场所条件的基础上，还要保持一种与其相称的姿态，因此圆木的选择绝非易事。而正是因为利休先生有这样的眼光，才促使他成为将圆木引入茶室的先行者吧。

绍鸥先生曾说，“外表粗糙，内在完美，反而尽显数寄道之风雅”。他让我们认识到了藏在原木那脉络清晰的纹理之中的韵味，而利休先生继承并发展了绍鸥先生的衣钵，他开创了圆木建筑，将木材本身所具有的自然特征充分利用于建造中，可以说是打开了一扇建筑的新世界大门。每一棵树都拥有着其独有的“表情”存在，每一棵树也都拥有着其独特的感触，尊重树木本身所具有的“表情”和“感触”，并将其作为建筑设计的要素加以重视，这一直是日本建筑特有的传统，而其根源可以说是从茶道建筑开始的。自古以来，黑木造以及白木造便是日本传统的建筑结构，而且人们很早以前就已经开始使用竹子、树皮等自然素材，在茶人们的努力之下，各种木材能够进一步发挥出自身各种各样的自然韵味，充分运用于建筑的美学之中。

而其中最具有“麁相”建筑特色的草庵茶室则是其将众多元素巧妙地组合到了一起。圆木包括带皮圆木、抛光圆木、旧化圆木、档圆木等，还有粗制木材、竹、葭、蒲等，种类可以说多种多样。无论哪一种，都是以各木材自身所具有的自然韵味为基础来进行设计的，而这其中最重要的便是如何将这些木材巧妙地组合在一起。

严格来说，圆木的粗细和形状都各不相同。即使是一根圆木，其上枝和下枝的尺寸也不尽相同。这也是圆木所具有的自然原始韵味之所在，同时也具有一定的妙用。即使是一根圆木，根据切割所需长度的部位的不同，其效果也会随之有所变化。而工匠必须将这些参差不齐的木材组合到一起，形成一个稳定的空间。为了辅助木材的这种组合，“面”的结合技术也是至关重要的。“面”有两面，一种是出于物理上的要求而必需的，另一种则是根据视觉上的效果所施加的。根据“面”的不同，一些看起来笔直的木材，实际上是弯曲或倾斜的，而一些粗壮的木材也有可能看起来是细弱的，一些看似柔弱的材质也能通过“面”的不同，从而凸显出一种精悍的气势。此外，构件的连接部也与角材截然不同。除了圆木与圆木之间的衔接技术，首先，二者粗细的平衡性尤为重要，如果只是粗略地选择木材，随意地对其进行组合，是不可能达到二者之间的自然平衡的。从人体的角度来看，构件的交叉部分就相当于人体关节与关节之间的连接。因此“关节”部分必须制作得强韧且有弹性。

其次，是木材种类的搭配。就如上述所说，即便是圆木，也有很多种类。此外还有粗制木材和竹类。而这些木材该如何组合，并没有什么定论。邵鸥先生曾说的“我们在创作时，应该着重于麁相，这样做出来的作品才会美丽、灵动”是一种理想。此外，座敷并不讲究奇异的风格或是富丽堂皇的外观，而是以井然有序、简朴、不惹眼为好。（珠光绍鸥《时代之书》）

上述所形容的座敷作为茶汤座敷的理想形态，并没有从自珠光大师以后茶匠们所形成的审美意识中脱离。虽然是为了追求“麁相”之美，选用了自然素材，而从其整体工艺来说，仍然是致力于塑造出一种“美丽”“灵动”“井然有序”“不引人注目”的座敷。

可以说，设计者是在搭配方法上倾注了一番苦心，费尽了心血。比如说带皮圆木和抛光圆木等等，在哪里使用，使用的比例是多少，这些都会让座敷的氛围变化。假设只使用带皮圆木，那么便是黑木造。虽然是麁相风格，但是茶室所追求的是一种与其略有不同的数寄空间。如果我们来尝试按照前面引用

如庵　壁龛结构

的《山上宗二记》所记述的内容来绘制座敷，画出来的便是一座这样的建筑：带皮圆木柱配以土墙，只有壁龛柱是去皮圆木，天花板材质为粗草席，配以竹制檐口。在这个房间里，壁龛柱起到了很大的作用，增添了多样化，使这间座敷不只局限于黑木造风格。在这里，“美丽”这一构思起到了一定的作用。

从某种意义上来说，因为是要将具有不同质地的木材组合，所以将木材彼此有机且自然地结合起来，是至关重要的。在此，类似“以木接竹”这种接合，必须以自然的姿态进行造型上的处理。为了能够使诸如带皮圆木与带皮圆木之间，带皮圆木与无皮圆木，以及竹子、圆木和粗制木材、竹子等材料之间的接合成自然的形态，除了粗细的平衡性，还需要考虑该如何使两种不同木材相得益彰。

例如，之所以使用带皮圆木，就是为了充分利用其木材纹理所具有的自然韵味，因此将其与其他构件组合时，必须要保证树皮的完好无损。与此相同，在使用旧化圆木和抛光圆木或是竹子的情况下，也必须要小心翼翼地处理其木材的肌理。此外，圆木又分出节和入节，这也成为茶室中一道别致的风景，可以使构件的风格更加丰富多彩。

带“面”的圆木同时兼具有木材纹理以及皮孔的美感。通过“面”，从两个侧面发挥出木材的那种自然感。此外，还可以通过人工加工，从而凸显木材的自然感。为了在茶室中融入经过名栗工艺处理的木材所富有的那种清新而朴素的风味，也有一些工匠会使用锛对圆木进行削刮后加以运用。例如，有一些茶室就像如庵和庭玉轩的壁龛柱，整体都经过了细细的削刮，也有一些像金地院和曼殊院八窗席的壁龛柱那样，将带皮赤松的树皮进行削刮，残留一部分树皮。此外，一些素雅的木材中，极个别木材也会被进行削刮处理。

圆木的面一般都是平纹。但是，茶室中所使用粗制木材几乎都是以直纹为正面。而落挂所使用的木材即便正面是直纹，下面也会呈现出花纹。这也是因为落挂处所用的木材经常会被人从下面往上观看，因此在建造时须对其两面的木材纹理进行斟酌。在北野大茶汤的利休四叠半中，关于落挂，《细川三斋茶书》别卷中这样写道，“以杉丸太制之，见付1寸2分，宽2寸3分，角留皮孔”。意思是说，将杉树圆木锯成正面1寸2分半，宽度2寸3分，在边角处特地留下了皮孔部分。从这个尺寸来看，应该只有下面的前端是面皮圆木。这种落挂以如庵和密庵席为首，常见于江户中期的遗迹中，甚至在一些地区，民家的座敷中也能看到这种技术。像落挂这种引人注目的构件会使用这种木材，可以说是“物品外表粗糙，内在完美，反而尽显数寄道之风雅”的一种表现。

综上所述，在茶汤座敷中，人们持续不断地研究着树木本身的各种自然特征，并且将其充分利用于建筑中。这是在桧木造书院建筑中见所未见的造型世界。

在“草”式茶室建筑中，所探求的树木的美感、自然感以及巧妙利用这些元素的造型设计已然超越了茶汤的空间，延伸到了书院。

在利休先生的聚乐宅邸中，设有一处桧木造的九间书院和九间“着色书院”。“柱，粗四寸二分四方，桧木也。”（《聚乐利休家之图》）

前者天花板高10尺4寸，外观姑且不论，座敷是真正的书院造风格，设有门楣长押和天花板长押，是基于与《匠明》中所描述的相同形态比例的结构。当然，其柱子和长押都是桧木造。与此相对，着色书院上段为二叠榻榻米，中段为四叠榻榻米，中段是付书院，但是被装饰性天花板的顶窗分割开来。书院没有长押，鸭居门楣高5尺7寸，天花板高8尺。虽然这座建筑有上中下三段，但它完全打破了书院造一贯严谨的风格，是一种结构极为独特稳定的数寄屋风格书院。

那么，与桧木相对而言，这种着色书院的素材是什么呢？通过其“着色”的设计，可以推断共有两种。其中一种就如同桂离宫古书院的着色松木角柱那样，着色书院可能使用了松木或杉木的着色角柱。还有一种应该是面皮圆木柱，在“面”的部分进行了着色。不过，与桂离宫古书院简洁而端正的结构相比，着色书院更富于变化，虽然上段的柱子是松木角柱，但是上段的木框却选用了圆木，从这一点来看，我认为着色书院更像是一座用面皮圆木建造的景致茶室式建筑。在江户时代初期有许多这种将面皮圆木的“面”部分加以着色的实例，例如桂离宫的中书院和新御殿，以及西本顾寺黑书院等。

正如前面所述，利休先生位于堺城的宅邸也是以绍鸥先生的四叠半为基础建造的，在这间四叠半榻榻米中，他也没有对松木角柱进行着色处理。不过自从他开始使用圆木以后，便总会对“面”加以着色。虽然织部曾说过“以薄涂着色”，但实际上，着色的深浅以及方式还是要根据设计而定。总之，在茶室建筑中，对“面”加以着色已经实行许久，甚至说已经成为一种常规。虽然不知为何，进入近代以来，京都的数寄屋建筑中着色这种工艺逐渐没落，不过也有一些地方仍然沿袭着过去的手法。利休先生也将这种草庵茶室中的着色工艺应用到了面皮圆木建筑的书院中。

由此我们可以看到，在聚乐的利休宅邸中，包括了一个圆木造茶室、一个面皮圆木建筑着色书院还有一个桧木造的茶室等真·行·草建筑。式正书院为真，结构自由的着色书院为行，茶室为草。从素材的角度来说，真为桧木，行为面皮，草为圆木。面皮圆木一般来说都是杉木制。

关于着色书院的木材，通过《聚乐利休家之图》可知，着色书院的上段柱子（壁龛柱）是松木角柱，两边框均为圆木。这应该是像现在的残月亭那样，分别是松木四方框和杉木抛光圆木。中层的框应该也是一样的。主柱是面皮圆木，只在靠近座敷中央最为显眼的上层柱处选用了角柱。桁应该也是圆木制，从这一点分析，椽子应该也是面皮圆木。因为其角柱用材，将桧木换成了杉木面皮，因此打破了书院造一向严谨的风格。只有一根角柱显示出上段的格调。而且我们应该注意到的是，这根角柱也并不是桧木制，而是松木制。我们无法获知这根角柱是否也进行了着色处理，但是即便是进行了着色处理，应该也只是浅浅涂上一层而已。

如果说我们从利休先生的着色书院中学习到什么“行”的造型基调的话，首先便是要避免使用桧木。摒弃了木材中最高级且最具有格调的桧木，甚至是角柱也选用松木来制作，这便是介于“真”与“草”之间的“行”之设计。其次是尽量不使用角柱，而是选用具有自然韵味的带“面”圆木来制作面皮圆木柱。形状介于角物与丸物之间的面皮圆木在具有角物特征的同时，又兼具丸物的自然感，常常适用于介于书院与草庵之间的设计。诸如此类，通过以面皮圆木为基调，再配以合适的角物和丸物，座敷的设计也逐渐多元多维化。

关于面皮圆木的制作，除非有大量的圆木，否则很难修整面皮，以使其表面部分在四角均匀地上升。特别是在利休时代，北山造林还没有发展起来，因此不可能拥有像现在这样的圆木储备量。木材的甄选和加工也是依据面皮的情况而定，比起完整整齐的面皮，那种参差不齐且出节的面皮材料更具有自然感，更受到众人的喜爱，但是，这并不是说可以随意进行面皮加工。每一根面皮圆木被加工成面皮柱时，都需要从整体形态的角度进行反复推敲。此外，例如面皮柱放在座敷的哪个位置等问题都需要进行考量。

我最感兴趣的是，利休先生的着色书院的面皮材会是怎样一种形状呢？在我的想象中，它是以在圆木的四角上进行面皮工艺的方式来制作的，所以根据柱子情况，天花板附近的

“面”应该也会随之变小。

以当时的材料情况来看，更多的是靠加工的手法，来左右柱子的质感。

加工技术可以说十分大胆，有时甚至可以用奔放、不拘小节来形容。不过这种技术也在一点点改变，工艺逐渐变得细腻。

就像桂离宫的三座宫殿，这种变迁在引起了众人兴趣的同时，也得到了认可。在古书院中，只有壁龛柱是圆木，因此仅以这三座宫殿的壁龛柱作为比较，就足以说明这一点。古书院的壁龛柱虽说在其正面进行了面皮工艺，但是面皮形状几乎没有修整的痕迹。而我们再看中书院三间的壁龛柱，这一时期在进行面皮加工时，已经开始有意识地去调整，以达到满意的效果。再看新御殿二间的壁龛柱，从构件正面上的高且形状完美的“面”，以及一直延伸到床胁的入节等来看，都经过了精心的设计以及修整。西本顾寺黑书院一间也是类似的风格。而且新御殿还设有圆木长押。这根圆木纹理通顺，它的每一处都有用手斧削刮而形成的美丽纹样。这也是圆木建筑中的重要技法。如果是对一根削好的角材进行如此工艺，也只能算作划痕。而对于圆木，它起到了一种点缀、修饰的作用，让有些凹凸、扭曲和弯曲的圆木看起来更加劲直，使木材的表情更加丰富，甚至具有扭转木材本身缺点的作用。新御殿长押上的刻痕可谓是画龙点睛之笔。

从桂离宫的御殿我们很容易便能了解到，利休先生的着色书院具有着与现代数寄屋建筑相当不同的风格。然而，这是一种划时代的尝试，一直以来茶汤空间所探求的便是树木本身具有的自然感，而利休先生将这种技巧也运用到了书院这种广间空间中，创造出一种书院造所没有的新魅力。书院造的风格是整洁且高贵的，让人具有一种疏离感。而着色书院在试图营造出一种充满亲近感的木质空间，这是高贵的桧木白木造所没有的。

综上所述，总结如下内容：

一、桧木造书院中，需要通过统一木材来保持书院造的格调，而在数寄屋造中则不需要拘泥于材料的统一。

二、柱子使用低于桧木等级的木材。

三、可以将面皮材与圆木、角物自由组合。

四、对面皮材进行着色。

五、天花板高度较低，可以不设长押。

六、可以自由采取木割术。

而且，茶室座敷并不讲究奇异的风格或是富丽堂皇的外观，而是以井然有序、简朴、不惹眼为好，而这一基调也被充分运用到了“行”的造型中。

像这样，以树木的形态、质感以及自然感为设计素材的数寄屋建筑逐渐发展起来，日本的木造建筑也变得更加意味深远和广泛。

如何发现并甄选出美丽的木材，并将其运用为材料，这对于木林行业是一种新的挑战。高度的需求量促进了造林和挽木技术的不断进步。造林、挽木技术通过木匠的工艺，与建筑的设计有直接的关联。以数寄者、茶匠为首，通过他们富有趣味、深度的作品，以及不断的尝试、挑战，人们对于建筑的审美意识逐渐变得精致和细腻。

严格甄选优良木材的数寄风建筑进入近代后达到了顶峰。北山林业象征着日本树木的文化，而北山林业正式开始人工造林的时间，尽管众说纷纭，但我认为可以推定是在江户时期。在明治、大正时期，造林业取得了显著的成效，优良木材也陆陆续续地流通于市场上，与此同时，数寄屋建筑也繁荣起来了。而“铭木”这个称呼应该是明治末期开始流行的。

因为很多材料都是无可替代的，因此在处理高级而优良的木材时，木匠需要极其熟练的技艺。钉钉子似乎是一件很容易的事情，即使是普通的木工也能做到，其实这是最需要经验和灵感的高难技术。过于用力敲击有时会使木板开裂，所以在钉钉子时，必须通过仔细检查材料的材质和厚度来调整敲击的力度。即使在相隔甚远的地方，大师也能够通过锤子敲击的声音来评价弟子的技术是否有所进步。此外，木材的美丽，便隐藏在木匠们那一双双使用刀具的手中。木材纹理的美丽与光泽或许不会因刮刨方式而呈现，但是制刨工匠、削刮工匠们可以使木料的美丽更加熠熠生辉。为了赋予树木新生命，木匠们必须要不断磨炼技艺。

数寄屋建筑中，座敷的设计也是各种各样。虽说是“行”体，但其实是接近“真”体与“草”体之间的一种表现方式。因此，座敷的柱子也不一定都是面皮圆木。数寄屋风格造型的趣味在于，设计座敷时，在维持与“真”相似的结构的同时，还需要营造出“行”“草”的氛围。与此相反，还有一种设计方式，柱子也选用圆木来制作，以“草”体为座敷整体的基调，而与此同时也兼具了正统的结构。当然“行”式建筑中也有不少会装有长押。只是会通过调整长押的尺寸和安装方式，或者材质使用面皮或圆木，来减少长押所具有的威严性。

角柱木材通常选用松木、杉木、铁杉木。反复擦拭后，呈现出一种与桧木不同的光泽和色调，别有一番风味。

而这种才更富有数寄的感觉。数寄屋以营造出一种与人具有亲近感的木质空间为目标，在木材的质感以及纹理上力求视觉上给人一种温柔的感觉，触觉上给人一种温暖的感觉。这也是杉木通常会受到人们喜爱的原因。除了结构木材，在数寄屋建筑中，杉木材占据了相当大的比例。不仅仅是圆木，

桂离宫　古书院一间

桂离宫　中书院三间

桂离宫　新御殿二间

杉木还经常被用于门楣、薄材、门窗等设备。而且杉木的种类很多，在这其中，对杉木的直纹和多种多样的纹理进行甄选，直纹给人一种温和且纯洁的感觉，中纹更具有韵味，且十分珍贵。纹板的样式可以说多姿多彩，既有温和的，也有华丽的、繁杂的，这是树木生命所赋予的自然的造型。即使只是用杉木，也可以根据其不同的使用方式，将座敷设计成任何你想要的样子。

我们经常能看到用漆涂装的框以及桌板等，这并不罕见，而在其做工上，为了能够清晰看到木材的纹理，以呈现木材的原始质感，数寄屋建筑中通常会使用拭漆等工艺。此外，除了杉木以外，桑木也深受众人喜爱。桑木是一种涩味很强的树木，随着树龄的增长，颜色会自然而然地浮现出来，与涂漆和着色的效果截然不同，是一种整体浮现出的色调，难以用语言来描述，这是栗木所不具备的优点，也正因如此，才会被数寄者这般喜爱吧。

在数寄屋造的设计中，为了能够充分发挥树木之美，最重要的便是木材的“甄选”以及“组合”。如果仅仅靠铭木美材，则不能完全体现出“美丽而灵动”的设计。根据木材的组合，座敷的整体品位以及气质也会随之更改。从座敷整体的氛围来看，既可以营造出华丽的感觉，也可以营造出朴素的感觉。当这些用材巧妙结合以及木割结构所带来的氛围相互融合时，那么一间和谐而充满美感的座敷便完成了。

优秀的组合方式是什么呢？其中当然个人的品位喜好起到了一定的作用。而如果说组合是有原理的话，那么通过接触众多的实例，应该能在磨炼感性的同时，在自己的创意中找到答案吧。

收录名贵木材及建筑一览表

青黑檀
红杉
赤松
秋田杉
档圆木
非洲胡桃木
非洲桃花心木
栓皮栎
日本紫衫
红豆杉
市房杉
印第安玫瑰木
鸡翅木
鹑纹
梅
鱼鳞云杉材
鱼鳞云杉
槐
青梅物
五角枫
俄勒冈松
尾鹫材
尾鹫桧
水松
枫
春日杉
蟹纹
桦
蒲

日本榧树
唐木
唐松
花林
寒竹
柬埔寨松
菊花纹
纪州物
木曾桧
北山杉
龟甲竹
桐
雾岛杉
黄肌
孔雀纹
楠
榉
栗
黑柿
黑铁刀木
黑松
桑
愈疮木
月桂树
榉
源平杉
红木紫檀
高野槙
合板

肥松
黑檀
小椎
香节
檐口
胡麻竹
樱
大武杜鹃
竹叶纹
萨摩杉
旧化圆木
沙贝利
晒竹
百日红
花柏
椎
象蜡树
紫檀
科
缟柿
条纹黑檀
暹罗黄杨
朱利樱
鱼鳞纹 车轮纹
白新木姜子
神代杉
神代木
杉
红杉

秋田杉
市房杉
宇治田原杉
春日杉
北山杉
雾岛杉
黑部杉
源平杉
木妻杉
佐野杉
神代杉
造林杉
智头杉
土佐杉
日光杉
日田杉
御山杉
屋久杉
吉野杉（红杉）
若樱杉
杉皮
间道乌木
素纹
栓
栴檀
造林杉
台湾楠
台湾榉
台湾桧

人面子茎皮
铁刀木
竹
寒竹
龟甲竹
黑竹
胡麻龟甲竹
胡麻竹
斑竹
晒竹
唐竹
新染煤龟甲竹
煤竹
煤矢竹
图面竹
虎斑竹
绳卷煤竹
真竹
芽竹
带芽晒竹
孟宗竹
纹竹
㭎木
同心圆纹
水曲柳
柚木
缩纹
缩面纹
沉香
铁杉
槻木
黄杨
映山红
椿
小叶梣
秦婢
天然木装饰合板
天龙物
铁杉
土佐杉
栃
冷杉

日本白蜡树
虎斑竹
波纹
纳拉
枹树
南天
南洋材
西川物
日光杉
黑部杉
杜松
大叶红檀
萩
花楠
刺楸
粘贴天花板
贴直纹天花板
春榆
桧
木曾桧
旧化圆木
台湾桧
出节圆木
土佐桧
美国桧
吉野桧
桧叶
圆柏
白檀
日向松
蒲葵
槟榔树
斑纹黑檀
枫
葡萄纹
山毛榉
古夷苏木
巴西黑黄檀
巴西材
黑胡桃
美国材
美国杉

美国铁杉
美国桧
美国松
红桧
北洋材
牡丹纹
本黑檀
舞葡萄
真桦
槙
茭白
猴子果
松
赤松
日本落叶松
黑松
肥松
冷杉
日向松
美国松
麦库氏松
脂松
桃花心木
日本樱桃桦
水目樱
紫铁刀木
榁
麦库氏松
莫阿比
鸡爪枫
水曲柳
鱼梁濑杉
脂松
薮肉桂
山花林
葭
吉野洗圆木
吉野材
吉野杉
柳安材
带状花纹
髭脉桤叶树

龙头树
罗德西亚柚木
井上邸 广岛县尾道市
一力亭 京都市东山区
上村邸 京都市中京区
江户千家 东京都文京区
冈部邸 京都市中京区
小泽邸 京都市右京区
表千家 京都市上京区
河文 名古屋市中区
霞中庵 京都市右京区
北村邸 京都市上京区
小堀家 东京都新宿区
佐佐木邸 京都市东山区
山翠楼 名古屋市中村区
三溪园白云邸 横滨市中区
慈光院 奈良县大和郡山市
照古庵 京东市左京区
筱园庵 大阪市东区
杉本邸 京都市右京区
成异阁 石川县金泽市
清流亭 京都市左京区
濑川邸 东京都文京区
竹中邸 兵库县芦屋市
田中丸邸 福冈市中央区
谷庄 石川县金泽市
俵屋 京都市中京区
的山庄 大分县日出町
中野邸 爱知县半田市
桥场邸 大阪府堺城
八胜馆八事店 名古屋市昭和区
八芳园 东京都港区
深见邸 京都市中京区
松尾家 名古屋市东区
松之茶屋 神奈川县箱根汤本
美浓幸 京都市东山区
无限庵 石川县山中町
山口邸 京都中京区
大和 东京都中央区
阳明文库虎山花 京都市右京区
和松庵 大阪市天王寺区

图书在版编目(CIP)数据

日本建筑集成：全九卷 / 林理蕙光编著. -- 武汉：华中科技大学出版社, 2022.12
ISBN 978-7-5680-8575-5

Ⅰ.①日… Ⅱ.①林… Ⅲ.①建筑史-日本-图集 Ⅳ.①TU-093.13

中国版本图书馆CIP数据核字(2022)第126369号

日本建筑集成（全九卷）

Riben Jianzhu Jicheng

林理蕙光 编著

出版发行：华中科技大学出版社（中国·武汉）
华中科技大学出版社有限责任公司艺术分公司
电话：(027) 81321913
(010) 67326910-6023
出 版 人：阮海洪

责任编辑：莽 昱 康 晨 刘 韬
书籍设计：唐 棣
责任监印：赵 月 郑红红

制 作：北京博逸文化传播有限公司
印 刷：广东省博罗县园洲勤达印务有限公司
开 本：787mm × 1092mm 1/8
印 张：268.25
字 数：650千字
版 次：2022年12月第1版第1次印刷
定 价：4680.00元 (全九卷)